Die Theorie

der

Elektrolytischen Dissociation.

Von

Dr. Max Roloff,

Privatdocent an der Universität Halle.

Springer-Verlag Berlin Heidelberg GmbH
1902

ISBN 978-3-662-36015-6   ISBN 978-3-662-36845-9 (Ebook)
DOI 10.1007/978-3-662-36845-9
Softcover reprint of the hardcover 1st edition 1902

Sonderabdruck aus der
„Zeitschrift für angewandte Chemie" 1902.   Heft 22 bis 24.

Inhaltsverzeichniss.

Seite

I. Abschnitt: Begründung der Dissociationstheorie aus den
Leitfähigkeitserscheinungen der Elektrolyte 3
Beziehungen der Elektrolyse der Salze zur chemischen Verwandtschaft nach Davy 3. Theorie von Berzelius 4. Mechanismus der Stromleitung nach Grothuss 6. Gesetz von Faraday 6. Demonstrationen der Ionenwanderung 7. Einwände von Grove und Clausius 8. Arbeiten von Hittorf 10. Gesetz der unabhängigen Wanderung der Ionen von Kohlrausch 12.

II. Abschnitt: Begründung der Dissociationstheorie aus den anomalen osmotischen Drucken, Dampfdrucken, Siedepunkten und Gefrierpunkten 14
Der Vertheilungssatz 15. Halbdurchlässige Wände 16. Osmose 18. Isotonische Lösungen 19. Berechnung des osmotischen Druckes 21. Gesetz von van 't Hoff 23. Dampfdruckerniedrigung 24. Siedepunktserhöhung 27. Gefrierpunktserniedrigung 28. Bildung von Doppelmolecülen 31.

III. Abschnitt: Die weitere Entwicklung der Dissociationstheorie 33
Berechnung des Dissociationsgrades durch Arrhenius aus den anomalen Gefrierpunktsdepressionen 33, aus den Leitfähigkeiten 34, aus den Löslichkeitsbeeinflussungen 37. Einige Dissociationsgrade 38. Allgemeine Regeln für die Dissociationsgrade 38. Das Ostwald'sche Verdünnungsgesetz 41. Gültigkeitsbereich desselben 42. Andere Formeln für das Verdünnungsgesetz 43. Dissociation in anderen Lösungsmitteln 44. Beziehung zur Dielectricitätsconstante 45. Theoretische Begründung des van 't Hoff'schen Verdünnungsgesetzes 46. Zusammenhang zwischen der dissociirenden Kraft und der Polymerisation der Lösungsmittel 48.

IV. Abschnitt: Einwände gegen die Dissociationstheorie . 49
Die Hydrattheorie 49. Die Associationstheorie 52. Elektrische Ladung der Ionen 52. Potentialdifferenz zwischen Lösungen 53. Formel von Nernst 54. Lösungstension der Metalle 54. Energiegehalt der Ionen 56. Ladungen mehrwerthiger Ionen 59. Elektrostriction 60. Wasseranlagerung an die Ionen 62.

V. Abschnitt: Anwendungen der Dissociationstheorie . . 64
Physikalische Eigenschaften der Salzlösungen 64. Chemische Eigenschaften der Salzlösungen 66. Avidität der Säuren 67. Dissociationsbeeinflussung 68. Theorie der Indicatoren 70. Löslichkeitserniedrigung durch gleichionige Zusätze 71. Fällungen mit Schwefelwasserstoff 74. Fällung der Carbonate 74. Fällung der Hydroxyde 75. Silbertitration nach Mohr 75. Löslichkeitsvermehrung 76. Neutralisation der Basen durch Säuren 77. Hydrolytische Dissociation 79. Saure Salze zweibasischer Säuren 81. Basische Carbonate 82. Berechnung der Dissociationsconstante des Wassers 82. Dissociation im festen und gasförmigen Zustande 83.

Aus den Kreisen praktischer Chemiker ist mehrfach die Aufforderung an mich herangetreten, Aufklärung über das Wesen der elektrolytischen Dissociation und über die Grundlagen der Ionentheorie zu geben. Es erscheint mir deshalb angebracht, das zu Vorträgen im Bezirksverein deutscher Chemiker für Sachsen und Anhalt und im Chemikerverein zu Stassfurt zusammengestellte Material auch weiteren Kreisen zugänglich zu machen. An Lehrbüchern der physikalischen Chemie und der Elektrochemie ist ja freilich kein Mangel, aber das darin behandelte Gebiet ist so gross, dass Viele durch die zur Verarbeitung erforderliche Mühe abgeschreckt werden, die nur sehen wollen, was an den modernen Theorien eigentlich daran ist und ob ein eingehendes Studium sich für sie verlohnen würde.

Die vorliegende Darstellung ist deshalb in erster Linie nicht darauf berechnet, wissenschaftlich neue Thatsachen ans Licht zu bringen oder das bisher vorliegende Material in lückenloser Vollständigkeit wiederzugeben, sie soll nur aus der Fülle des letzteren das herausgreifen, was zur Erläuterung der Grundbegriffe und ihrer Anwendungen auf Fragen der täglichen chemischen Praxis dienen kann.

Die Theorie der elektrolytischen Dissociation hat seit ihrer Begründung, oder richtiger gesagt, seit ihrer präcisen Formulirung durch Arrhenius i. J. 1887, viele Anhänger und mehr Feinde gefunden. „Die Forderung, Lösungen von Stoffen, wie Chlorwasserstoff, Chlorkalium, Kaliumhydroxyd, die man als durch die stärksten Verwandtschaften verbunden ansah, als in ihren Lösungen zerfallen anzusehen, und zwar als ziemlich vollständig dissociirt, fand zunächst vielfachen Widerspruch, der um so leidenschaftlicher geltend gemacht wurde, je weniger die Gegner von der Theorie, die sie bekämpften, und ihren Grundlagen verstanden hatten." Diese Worte von W. Ostwald[1]) haben leider auch heute von ihrer Gültigkeit noch nichts verloren. Die Theorie hat allerdings etwas an sich, das allem „chemischen Gefühl" widerspricht, und naturgemäss versteht Niemand sich leicht dazu, mit den altgewohnten Anschauungen zu brechen und neue anzunehmen, deren Unhaltbarkeit „auf den ersten Blick einleuchtet". Von dem ernsten Naturwissenschafter muss man aber verlangen, dass er sich nicht durch Autoritätenglauben bestechen lässt, sondern alle, auch die scheinbar gewagtesten Hypothesen objectiv prüft, und dass er nicht nach unbestimmten Gefühlen und oberflächlich vorgefassten Meinungen, sondern nach der Logik der experimentell gefundenen Thatsachen sein Urtheil bildet.

Es soll deshalb im I. und II. Theil dieser Abhandlung gezeigt werden, dass die Dissociationstheorie nicht durch das müssige Spiel einer verschrobenen Phantasie ersonnen ist, sondern dass die experimentelle Arbeit eines halben Jahrhunderts sie als logische Consequenz nach sich zog.

Im III. und IV. Theil soll geschildert werden, wie das auf verschiedenen unabhängigen Wegen gefundene, aber bis dahin nur zaghaft und unbestimmt ausgesprochene Resultat mit grosser Kühnheit scharf präcisirt, die Theorie darauf gegründet, weiterentwickelt und gegen die zahlreichen mehr oder minder überlegten Einwendungen vertheidigt wurde.

Der V. Theil soll sich mit den Anwendungen der Ionentheorie auf specielle chemische Probleme beschäftigen und den Beweis für die unverkennbare praktische Überlegenheit der „modernen" Anschauungen über die älteren erbringen.

---

[1]) Lehrb. d. allg. Chemie. 2. Aufl. Bd. II, 1, 543.

I. Begründung der Dissociationstheorie aus den Leitfähigkeitserscheinungen der Elektrolyte.

Die von Davy[2]) und vor ihm schon von Anderen[3]) beobachtete Thatsache, dass elektrisch leitende Flüssigkeiten (Lösungen und geschmolzene Salze) durch den Strom zersetzt werden, legte diesem den Gedanken nahe, dass wohl eine Beziehung zwischen der chemischen Verwandtschaft und den elektrischen Kräften bestehen müsse. Wird z. B. ein Molecül geschmolzenen Chlorkaliums durch den galvanischen Strom zerrissen, indem das K von der einen, das Cl von der andern der elektrostatisch geladenen Elektroden angezogen wird, so müssen die Atome im Molecül selbst mit entgegengesetzten elektrischen Ladungen behaftet sein, und es ergiebt sich die Hypothese von selbst, dass die chemische Affinität des K und des Cl nichts ist, als die elektrostatische Anziehung entgegengesetzt geladener Körper. Das vom negativen Pol angezogene K würde als positiv, das Cl als negativ elektrisch anzusehen sein.

Nun ist aber bei beiden Elementen im **unverbundenen** Zustande keinerlei freie elektrostatische Ladung bemerkbar, woher kommt dieselbe bei den **verbundenen** Atomen? Davy[4]) half sich über diese Schwierigkeit durch die zunächst ganz plausibel scheinende Annahme hinweg, dass ebenso wie ein Stück Siegellack und das reibende Tuch auch die Atome bei der Berührung entgegengesetzte Ladungen annehmen. **Dann würde aber die Kraft der chemischen Affinität mit ihren energetischen Äusserungen (Wärmetönung, Lichterscheinungen u. s. w.) aus nichts geschaffen werden.**

---

[2]) Davy, Gilb. Ann. **7**, 114 u. ff., besd. **28**, 1 und 161 (1808).
[3]) Nicholson u. Carlisle, Nichols. Journ. of nat. phil. **4**, 179 (1800).
[4]) Elem. of Chemical Philos. 1812.

Berzelius[5]) glaubte sich über den Ursprung der Ladungen nicht weiter kümmern zu sollen, er nahm dieselben eben einfach als vorhanden an und um die Wirkungslosigkeit der freien Elektricitäten im unverbundenen Zustande zu erklären, stattete er jedes Atom mit zwei gleichen, aber entgegengesetzten, auf zwei Polen fixirten Ladungen aus. Dies hatte nebenbei den Vortheil, dass jedes Atom bald positiv, bald negativ auftreten und dass z. B. die beiden ausgesprochen negativen Elemente N und O sich zu der Gruppe NO_3 vereinigen konnten. Freilich musste immer ein negativer Überschuss dabei herauskommen, um die Zersetzung durch den galvanischen Strom zu erklären, und die ad hoc gemachte Annahme, dass immer die eine der beiden Ladungen jedes Atoms doch etwas stärker wäre als die andere, bringt uns genau auf den Standpunkt von Davy zurück.

Die Anschauung, dass der galvanische Strom die Salze in zwei Bestandtheile zerlegt, ein Oxyd und ein Säureanhydrid, die nach den Elektroden wandern, dort entladen werden und mit je einem Molecül Wasser freie Basis und freie Säure bilden, machte Berzelius bekanntlich zur Grundlage seiner dualistischen Theorie, die die unumstrittene Herrschaft behauptete, bis Liebig's[6]) Arbeiten über die Natur der Säuren ihre Unhaltbarkeit erwiesen. Eine Folgerung der Berzelius'schen Theorie war die Annahme, dass die Halogene Sauerstoffverbindungen sein müssten, indem bei der Elektrolyse von NaCl die Basis NaOH an der Kathode und HCl an der Anode entsteht, und die HCl somit aus einem Säureanhydrid und 1 Mol. H_2O zusammengesetzt, also das Chlor sauerstoffhaltig sein müsste. Erst die Untersuchungen von Daniell[7]) brachten hier Aufklärung, indem dieser aus der Anwendung des Faraday'schen Gesetzes nachwies, dass $NaSO_4$ — wie man damals statt Na_2SO_4 schrieb — nicht durch den Strom in NaO und SO_3, sondern in Na und SO_4 zerlegt wird, und dass die Bildung von NaOH an der Kathode auf einem secundären Vorgange beruht.

---

[5]) Gilb. Ann. **27**, 270, 1807.
[6]) Liebig's Annalen **26**, 113 (1838).
[7]) Philos. Trans. 1839, I, 97. 1840, I, 109. Pogg. Ann. Erg. **1**, 565 (1842).

So weitgehend auch die Schlüsse waren, die Berzelius aus der Erscheinung der Zerreissung der Molecüle durch den elektrischen Strom und der sie bedingenden Polarität der beiden Gruppen des Molecüls zog, eine befriedigende Erklärung der Verhältnisse vermochte er nicht zu geben, und es ist anzuerkennen, dass er selbst sich darüber vollkommen klar war.

Nach ihm versuchten noch andere Forscher die Schwierigkeiten in theilweise sehr geistreicher Form hinwegzuräumen. Ampère[8] z. B. gab jedem Atom im freien Zustande schon eine ihm eigenthümliche elektrische Ladung, die aber ihre Wirkung gewissermaassen versteckte, indem sie eine entgegengesetzt geladene Hülle um das Atom heranzog. Gingen zwei Atome eine chemische Verbindung ein, so neutralisirten sich die Ladungen der Hüllen unter Wärmeentwicklung, während die Kernladungen bestehen blieben. Ähnliche Hypothesen stellten Fechner[9], de la Rive[10] und andere auf. Sie sollen jedoch hier nicht erörtert werden, da alle mit Leichtigkeit als unhaltbar zu erweisen sind und die Frage nach dem Ursprung der elektrischen Ladung um keinen Schritt weiter bringen.

Eine weitere Schwäche der Davy-Berzelius'schen Theorie der Elektrolyse lag in Folgendem. Die Beobachtung hatte gelehrt, dass die an beiden Elektroden abgeschiedenen Producte im äquivalenten Verhältniss standen, sogar wenn die Elektroden sich in räumlich getrennten Gefässen befanden. Dass stets die Bestandtheile desselben Molecüls beiderseits zu gleicher Zeit frei wurden, war ausgeschlossen. Wie war aber die gegenseitige Beeinflussung der beiden Vorgänge zu erklären? Davy selbst und andere[11] glaubten die Zersetzung des Elektrolyten auf die nächste Nähe der Elektroden beschränkt, nahmen metallische Leitung der Lösung an oder sprachen sich überhaupt nicht darüber aus.

---

[8] Journ. de phys. **93**, 450 (1821).
[9] Pogg. Ann. **44**, 39 (1838).
[10] Traité d'Électricité **2**, 814 (1856).
[11] Riffault u. Champré, Ann. chim. phys. **59**, 83 (1807). De la Rive, ebd. (2) **28**, 190 (1825).

Eine bemerkenswerthe Lösung der Frage versuchte Grotthuss[12]) zu geben. Die Molecüle bestehen aus zwei entgegengesetzt geladenen Gruppen. Sowie die Elektroden elektrisch geladen werden, richten die Molecüle sich so ein, dass sie eine Art Kette bilden, indem alle —-Pole nach der Anode, alle +-Pole nach der Kathode weisen. Die letztere entreisst dem ihr nächsten Molecül das positiv geladene Atom. Der negative verwaiste Rest entschädigt sich durch das positive Atom seines nächsten Nachbars und so fort, bis an der Anode ein negatives Atom übrig bleibt, das dort entladen wird. Die neugebildeten Molecüle führen nun sämmtlich eine halbe Drehung aus und der Process beginnt von Neuem. Man versteht zwar nicht recht, warum in einer sehr verdünnten HCl-Lösung sich nur die HCl-Molecüle und nicht auch die viel zahlreicheren H_2O-Molecüle an dieser „grande chaîne" betheiligen, und auch sonst hat die Theorie noch ihre Schwächen, z. B. im Falle, dass zwei Elektrolyten an einander grenzen, für die damalige Zeit aber schaffte sie alle Bedenken aus der Welt.

Sie enthielt zwar schon den Gedanken, dass die Elektricität von einer Elektrode zur anderen nur unter gleichzeitiger Wanderung der Ionen transportirt wird, zum klaren Ausdruck brachte ihn aber erst Faraday[13]). Dieser stellte durch zahlreiche Versuche fest, 1. **dass die zersetzte Menge des Elektrolyten stets der durchgegangenen Strommenge proportional ist**, 2. **dass die Zersetzung verschiedener Elektrolyten in demselben Stromkreis stets im chemisch äquivalenten Verhältniss erfolgt**. Faraday selbst zweifelte an der letzten Genauigkeit seiner Messungen, er hielt eine nebenherlaufende geringe metallische Leitung des Stromes nicht für ausgeschlossen, Buff[14]) und Soret[15]) aber bestätigten das Faraday'sche Gesetz mit aller nur wünschenswerthen Schärfe. Die ausserordentlich

---

[12]) Ann. chim. phys. **58**, 64 (1806), **63**, 20 (1808).
[13]) Experim. Researches in Electricity. Ser. **3**, 377, **7**, 783 (1833). Pogg. Ann. **32**, 435 (1834).
[14]) Ann. Chem. Pharm. **85**, 1 (1853).
[15]) Ann. chim. phys. (3) **42**, 257 (1854).

wichtige Consequenz, welche sich aus demselben für die Theorie der Elektrolyse ergiebt, ist der bindende Beweis, dass 1. die Ionen mit elektrischen Ladungen behaftet sind und 2. dass die Ladungen verschiedener Ionen im Verhältniss der chemischen Äquivalente stehen, ein Zinkion also z. B. gerade die doppelte Ladung eines Kaliumions trägt, alle einwerthigen Ionen aber gerade die gleiche (eventuell mit entgegengesetztem Vorzeichen).

Dass die Ionen mit dem Strome der Elektricität wandern, lässt sich sogar experimentell zeigen[16]). In ein U-Rohr wird die lebhaft rothe Lösung von $KMnO_4$ gefüllt (Concentration 0,510 g im Liter, specifisch schwer gemacht durch viel H_3BO_3), bis die Schenkel zur Hälfte gefüllt sind. Darüber wird vorsichtig eine Lösung von KNO_3 (Concentration 0,303 g im Liter) in beiden Schenkeln geschichtet und je eine Elektrode hierein von oben eingeführt. Die $KMnO_4$-Lösung verdankt ihre Färbung den MnO_4-Ionen. Schickt man einen Strom hindurch, so wandern diese zur Anode, die K-Ionen zur Kathode und die Grenzen der rothen Färbung verschieben sich in dem angegebenen Sinne. Die Geschwindigkeit beträgt etwa 0,0006 cm/sec bei 1 Volt Spannung pro cm Elektrodendistanz, bei höheren Spannungen entsprechend mehr. Wird der Strom dann umgekehrt, so kehrt die Färbung in die alte Lage zurück und geht nach der anderen Seite darüber hinaus.

Trotz der eminenten Verdienste, die Faraday sich um die Erforschung der Vorgänge bei der Elektrolyse erworben hat, kann man doch nicht sagen, dass er zur Aufklärung der oben erwähnten Schwierigkeiten etwas beigetragen hätte. Er fasste den Mechanismus der Zersetzung durch den Strom immer noch so auf, dass derselbe „die chemische Affinität derart modificirt, dass er ihre Wirkungsfähigkeit in der einen Richtung grösser macht, als in der anderen, so dass die Theilchen gezwungen werden, durch eine Reihe aufeinanderfolgender

---

[16]) Lodge, Zeitschr. phys. Chem. **11**, 220. Noyes u. Blanchard, ebd. **36**, 1. Speciell für diesen Versuch Nernst, Zeitschr. f. Elektrochem. **3**, 308.

Zersetzungen und Wiedervereinigungen in entgegengesetzten Richtungen zu wandern".

Der erste, der auf die Unmöglichkeit dieser Wirkungsweise des zersetzenden Stromes hinwies, war Grove[17]). Er hatte eine „Gaskette" construirt, die aus Wasserstoff und Sauerstoff mit eingetauchten Platinelektroden und verbunden durch eine Schwefelsäureschicht bestand und einen galvanischen Strom lieferte, indem die Gase in äquivalenten Mengen verschwanden, also Wasser bildeten. Mit dieser Kette konnte er Wasser zersetzen. **Die Vereinigung von Wasserstoff und Sauerstoff lieferte also demnach die Kraft, um äquivalente Mengen Wassermolecüle zu zerreissen.** Dies ist ein offenkundiger Widerspruch.

Von demselben Gesichtspunkte ausgehend, aber in viel präciserer Weise, griff dann Clausius[18]) die Davy-Grothuss'sche Theorie an. Zur Zerreissung der Molecüle ist eine bestimmte Kraft erforderlich und zwar muss diese die gleiche sein für alle Molecüle derselben Gattung. Der Vorgang müsste sich also in der Weise abspielen, dass, „solange die im Stromkreise wirkende Kraft diese Stärke nicht besitzt, gar keine Zersetzung der Molecüle stattfinden könne, dass dagegen, wenn die Kraft bis zu dieser Stärke angewachsen ist, sehr viele Molecüle mit einem Male zersetzt werden müssen, indem sie alle unter dem Einfluss der gleichen Kraft stehen und fast gleiche Lage zu einander haben". Man kann also sagen: „solange die im Leiter wirksame treibende Kraft unter einer gewissen Grenze ist, bewirkt sie gar keinen Strom, wenn sie aber diese Grenze erreicht hat, so entsteht plötzlich ein sehr starker Strom". „Dieser Schluss widerspricht aber der Erfahrung vollkommen. Schon die geringste Kraft bewirkt einen durch abwechselnde Zersetzungen und Wiederverbindungen geleiteten Strom und die Intensität dieses Stromes wächst nach dem Ohm'schen Gesetze der Kraft proportional".

„Demnach muss die obige Annahme, dass die Theilmolecüle eines Elektrolyten in fester Weise zu Gesammt-

---

[17]) Phil. Mag. **27**, 348, 1845.
[18]) Pogg. Ann. **101**, 338 (1857).

molecülen verbunden sind und diese eine bestimmte regelmässige Anordnung haben, unrichtig sein."

Mit aller nur wünschenswerthen Deutlichkeit hat also Clausius hier schon den Gedanken der elektrolytischen Dissociation der Molecüle ausgesprochen, und er dürfte somit wohl als einer der Begründer der modernen Ionentheorie zu bezeichnen sein. Sein Gedanke war der, dass die Molecüle sich in fortwährender Zersetzung und Wiedervereinigung, also im kinetischen Zersetzungsgleichgewicht befinden, dass ein Theil also stets bereit ist, der geringsten Anziehung seitens der Elektroden zu gehorchen, ohne dass eine Zerreissung des Molecüles durch die elektrische Kraft voranzugehen braucht. Wie gross der in Dissociation befindliche Antheil aber ist, das vermochte Clausius noch nicht zu bestimmen.

Es darf nicht unerwähnt bleiben, dass die Zersetzung von Elektrolyten mittels ganz schwacher Ströme durch Helmholtz[19]) gleichfalls untersucht und im Clausius'schen Sinne bestätigt ist. Helmholtz sagt: „Da die schwächsten vertheilenden Anziehungskräfte ebenso vollständiges Gleichgewicht der Elektricität im Innern von elektrolytischen Flüssigkeiten erzeugen, wie in metallischen Leitern, so ist anzunehmen, dass der freien Bewegung der positiv und negativ geladenen Ionen keine anderen (chemischen) Kräfte entgegenstehen, als allein ihre elektrischen Anziehungs- und Abstossungskräfte." Sowie die Anziehung der Elektroden auf die Ionen zu wirken aufhört, werden sie sich „ohne in Betracht kommende Arbeitsleistung" wieder zu Molecülen vereinigen.

Einige Jahre früher als Clausius hatte auch Williamson[20]), um die Vorgänge der Ätherbildung zu erklären, die Hypothese aufgestellt, dass z. B. in der HCl „jedes Atom Wasserstoff nicht in ruhiger Gegeneinanderlagerung neben einem Atom Chlor bleibe, mit dem es zuerst verbunden war, sondern dass ein fortwährender Wechsel des Platzes mit anderen Wasserstoffatomen stattfindet."

---

[19]) Wied. Ann. **11**, 737 (1880).
[20]) Lieb. Ann. **77**, 37, 1851.

Die Ansicht Williamson's scheint nicht sonderlich viel Anhänger gefunden zu haben, sie nahm die Grundlage des heute allgemein anerkannten Massenwirkungsgesetzes eben zu früh voraus. Clausius kannte die Arbeit übrigens und hat sie auch in seinen Schriften erwähnt. Als Unterschied zwischen seiner Anschauung und derjenigen Williamson's hebt er hervor, dass jener einen fortwährenden Zerfall aller Molecüle mit darauffolgender Wiedervereinigung annimmt, während es für seine Theorie schon genügt, wenn ein Theil der Molecüle im Zersetzungszustande befindlich ist, dessen Grösse abhängt von der Art des Lösungsmittels und der Temperatur.

Zur gleichen Zeit etwa war Hittorf[21]) mit seinen Untersuchungen der Überführungserscheinungen beschäftigt, d. h. der Concentrationsänderungen, die in den Elektrolyten beim Stromdurchgange in Folge der verschiedenen Wanderungsgeschwindigkeiten der Ionen auftreten. Er war zu ähnlichen Resultaten gelangt wie Clausius und schloss sich dessen Ansicht vollkommen an. Er sagt darüber[22]): „Der Schluss, zu dem er aus diesen Prämissen gelangt, ist unbestreitbar. Das Faraday'sche Gesetz, welches für die schwächsten Ströme sich als gültig erwiesen, tritt in Widerspruch mit den Vorstellungen der heutigen Chemie über die Beschaffenheit eines flüssigen zusammengesetzten Körpers. **Die Ionen eines Elektrolyten können nicht in fester Weise zu Gesammtmolecülen verbunden sein und diese in bestimmter regelmässiger Anordnung bestehen.**"

Während Clausius für alle Elektrolyte die Möglichkeit geleugnet hatte, dass der Strom die zur Aufhebung der chemischen Verwandtschaft nöthige Arbeit leiste, differencirte Hittorf[23]) diesen Einwand gewissermaassen. „Unter den Elektrolyten besitzen diejenigen, deren Ionen durch eine im chemischen Sinne schwache Verwandtschaftskraft vereinigt sind, keineswegs das bessere Leitungsvermögen. . . . . . Zu den bestleitenden Salzen

---

[21]) Pogg. Ann. **89**, 117 und 177. **98**, 1. **103**, 1. **106**, 337 und 513 (1853—59).
[22]) Pogg. Ann. **103**, 1 (1858).
[23]) Pogg. Ann. **106**, 337 (1859).

gehören die des Kaliums, Natriums, wie KCl, NaCl, KSO$_4$, NaSO$_4$, KNO$_6$, NaNO$_6$, während die Verbindungen des Quecksilbers (HgCl, HgJ, HgBr, HgCy) einen nicht viel geringeren Widerstand als das reine Wasser besitzen. Die Chemie betrachtet aber die Bestandtheile des Chlorkaliums als durch eine der grössten Verwandtschaftskräfte vereinigt, Quecksilberchlorid wird von ihr zu den schwächeren Verbindungen gezählt."

Diese Thatsache lässt sich experimentell in folgender Weise sehr anschaulich darstellen[24]). Zwei verticale enge Glascylinder werden mit je einer festen Elektrodenplatte am Boden und einer zweiten in der Längsrichtung dagegen verschiebbaren versehen. Die Cylinder werden in denselben Stromkreis parallel geschaltet, in jeden Zweig vor den Cylinder eine Glühlampe mit geringem Widerstande (also für geringe Spannung). In einen Cylinder wird $^1/_{10}$-n. KCl-Lösung gefüllt, in den andern $^1/_{10}$-n. HgCl$_2$-Lösung. Wird die elektromotorische Kraft des Stromkreises allmählich gesteigert, so fängt die Lampe im KCl-Zweige eher an zu leuchten, als die andere bei gleicher Stellung der Elektroden. Im HgCl$_2$-Kreise muss man die Elektrodendistanz ganz bedeutend vermindern, ehe die Lampe zum Glühen kommt, denn der Widerstand der HgCl$_2$-Lösung verhält sich zu der KCl-Lösung wie 11,19 : 0,147[25]) unter entsprechenden Verhältnissen.

Von Magnus[26]) war behauptet worden, dass in einer gemischten Lösung von KCl und KJ nur das (chemisch) leichter zersetzbare KJ den Strom leite, Hittorf[27]) wies aber die fast genau gleichmässige Betheiligung beider Salze an der Stromleitung experimentell nach und lieferte damit den schlagenden Beweis, **dass von einer Zerreissung der Molecüle durch den Strom keine Rede sein kann, dass die Ionen sich vielmehr freiwillig durch Dissociation bilden müssen.**

---

[24]) Nach Noyes und Blanchard, Journ. Am. Chem. Soc. **22**, 726.
[25]) Leitfähigkeit des KCl = 11,19 nach Kohlrausch. W. A. **50**, 385 (1893). Leitfähigkeit des HgCl$_2$ = 0,147 nach Grotrian. W. A. **26**, 161 (1885).
[26]) Pogg. Ann. **102**, 1 (1857).
[27]) Pogg. Ann. **103**, 1 (1858).

Hittorf und Clausius hatten bereits vorausgesagt, dass ein ausgedehntes Material von Leitfähigkeitsmessungen wichtige Aufschlüsse geben würde. Leider waren solche nicht mit der nöthigen Sicherheit auszuführen, bis F. Kohlrausch[28]) durch Anwendung von Wechselstrom und Telephon in der Wheatstone-schen Brücke die geeignete Methode schuf. Das für unsere Betrachtung wichtige theoretische Resultat von Kohlrausch ist das Gesetz der unabhängigen Wanderung der Ionen[29]). Es ergab sich nämlich, dass bei entsprechenden Verdünnungen die Differenzen ähnlicher Leitfähigkeiten gleich waren, z. B.

$$KNO_3 - KCl = NaNO_3 - NaCl$$

und

$$KCl - NaCl = KBr - NaBr.$$

Konnten auch die einzelnen Antheile der Ionen hieraus noch nicht isolirt werden, so war doch klar zu erkennen, **dass die Leitfähigkeit sich stets aus zwei Factoren zusammensetzt, die den Ionen in allen Fällen eigenthümlich sind und nicht beeinflusst werden durch die Natur des andern zum Molecül gehörenden Bestandtheils. Kohlrausch zog hieraus den Schluss, dass die Ionen während ihrer Wanderung frei sind und nicht in Molecülen gebunden.**

Gleichfalls aus den Leitfähigkeitserscheinungen ergiebt sich noch ein weiterer Einwand gegen die alte Davy-Grothuss'sche Hypothese, auf den schon vorher Andere, mit besonderer Schärfe aber Arrhenius[30]) hingewiesen hat. Nach der Grothuss'schen Anschauung vom fortwährenden Austausch der Ionen unter den Molecülen müsste dieser um so leichter vor sich gehen, je dichter die Molecüle des Elektrolyten angeordnet sind, je concentrirter also die Lösung ist. Die Beobachtung lehrt aber, dass ganz im Gegentheil die Leitfähigkeit einer $^1/_{1000}$ normalen Lösung nicht kleiner ist, als der tausendste Theil derjenigen einer normalen

---

[28]) Pogg. Ann. **138**, 280 (1869). Wied. Ann. **11**, 653 (1880) **49**, 225 (1893).

[29]) Götting. Nachr. 1876, 213. Wied. Ann. **6**, 167 (1879).

[30]) Zeitschr. f. physik. Chemie **1**, 631 (1887).

Lösung, sondern ausnahmslos grösser. Mit der Theorie der Dissociation steht dies im vollen Einklange, wie wir später sehen werden.

Unsere bisherige Betrachtung hat uns also gezeigt, dass die alte Annahme von einer Zerreissung der Molecüle durch den galvanischen Strom auf Schwierigkeiten und unlösbare Widersprüche mit den experimentellen Thatsachen stösst und dass diese mit Nothwendigkeit zu der Dissociationshypothese hinführen, nach welcher in der Lösung eines Elektrolyten die Molecüle zum Theil in Ionen zerfallen sind und zwar auffallender Weise gerade um so mehr, je stärker die chemische Verwandtschaftskraft, die sie zusammenhalten sollte, von der alten chemischen Theorie angenommen wird.

„Es ist hohe Zeit, dass aus den Lehrbüchern der Physik und der Chemie die Irrthümer, welche die Autorität von Berzelius hineingebracht hat, verschwinden.... Die Chemie der Zukunft kehrt niemals zur elektrochemischen Theorie von Berzelius oder einer ähnlichen zurück. Dagegen wird sie den Thatsachen der Elektrolyse und ihren unerbittlichen Consequenzen Rechnung tragen müssen."

So schrieb Hittorf vorahnend schon im Jahre 1878.

II. Begründung der Dissociationstheorie aus den anomalen osmotischen Drucken, Dampfdrucken, Siedepunkten und Gefrierpunkten.

In der zweiten Gruppe von Erscheinungen, die zur Dissociationshypothese geführt haben, sind in erster Linie die anomalen osmotischen Drucke der Salzlösungen zu nennen. Um die Beweiskraft dieser Ausnahmefälle für unsern Zweck hervortreten zu lassen, wird es sich empfehlen, die Theorie des osmotischen Druckes in kurzen Zügen zu skizziren.

Wenn wir Wasser über eine Auflösung von Jod in Schwefelkohlenstoff schichten, so wird ein Theil des Jodes allmählich auch in das Wasser übergehen. Diese Diffusion kommt dadurch zu Stande, dass die Jodmolecüle bei ihren lebhaften Bewegungen im Schwefelkohlenstoff auf die Grenze beider Flüssigkeiten treffen, diese durchbrechen und im Wasser weiterwandern. In ganz analoger Weise werden einige der nunmehr im Wasser gelösten Jod-Molecüle auch den Rückweg in den Schwefelkohlenstoff finden und nach unendlich langer Zeit — die wir freilich durch Umschütteln sehr abkürzen können — wird sich ein kinetisches Gleichgewicht der Jodvertheilung in der Weise herstellen, dass gleichviel Jod-Molecüle die Grenzfläche hin- und zurück passiren. Die beiden Jodconcentrationen im Schwefelkohlenstoff und im Wasser sind dabei durchaus nicht dieselben, sondern die erstere ist wesentlich grösser, und vielleicht können wir uns die Thatsache, dass trotzdem dieselbe Anzahl Jod-Molecüle in beiden Richtungen die Grenze passiren, durch die Annahme erklären, dass das Jod sich im Wasser schwerer zu bewegen vermag oder von diesem weniger (in Folge der Reibung) festgehalten wird, als vom Schwefelkohlenstoff.

Bringen wir zu der schon vorhandenen und im bestimmten Verhältniss vertheilten Jodmenge noch eine zweite Portion Jod in das System hinein, so gelten für diese genau dieselben Betrachtungen und ohne Rücksicht auf den vorhandenen Jodbestand wird die Vertheilung in genau dem gleichen Verhältniss erfolgen, das ja nur durch die Fähigkeiten beider Flüssigkeiten das Jod zurückzuhalten bedingt ist, nicht durch die absolute Anzahl der Jodmolecüle.

Wir erhalten so den Satz, dass das Verhältniss der Jodconcentrationen in H_2O und in CS_2 stets das gleiche bleibt, unabhängig von der Grösse der Concentrationen selbst. (Vertheilungssatz von Berthelot und Jungfleisch[31]), präcisirt von Nernst[32]).) Nachstehende Tabelle giebt Versuche von Berthelot und Jungfleisch[33]) wieder, die den Satz gut bestätigen.

g Jod in		Verhältniss
10 ccm H_2O	10 ccm CS_2	
0,0041	1,74	1 : 420
0,0032	1,29	: 400
0,0016	0,66	: 410
0,0010	0,41	: 410
0,00017	0,076	: 440

Das Verhältniss muss bei derselben Temperatur (15°) natürlich das gleiche bleiben, wenn wir die Concentrationen bis zur beiderseitigen Sättigung vermehren, oder umgekehrt: **Der Vertheilungsfactor ist nichts als das Verhältniss der beiden maximalen Löslichkeiten.**

Die Bedingung bei der Ableitung des Vertheilungssatzes war, dass die beiden Lösungsmittel sich nicht (wesentlich) vermischen und dass sie eine scharfe Grenzfläche bilden. Wenn sie dies nicht thun, kann man sie eventuell durch eine dritte Schicht trennen, z. B. das System: Schwefelkohlenstoff, Wasser, Benzol

---

[31]) Berthelot und Jungfleisch, Ann. Chim. Phys. (4) **26**, 396, 408 (1872).
[32]) Nernst, Zeitschr. phys. Chem. **8**, 110 (1891).
[33]) Berthelot und Jungfleisch, Compt. Rend. **69**, 338.

benutzen[34]). Eine zuerst im Schwefelkohlenstoff gelöste Jodmenge wird durch das Wasser hindurch auch in das Benzol einwandern und das schliessliche Vertheilungsverhältniss zwischen CS_2 und C_6H_6 wird durch die Zwischenschicht durchaus nicht beeinflusst, wie besonders im Falle der vollkommenen Sättigung aller drei Schichten mit Jod leicht ersichtlich ist.

Der einfachste Fall ist dann der, wo das Medium auf beiden Seiten einer für dasselbe undurchlässigen Schicht das gleiche ist, z. B. Luft auf beiden Seiten einer Wasserlamelle (Seifenblase). Einen sehr instructiven Versuch können wir folgendermaassen anstellen. Wir bringen auf den Boden eines Glasgefässes eine Schicht Seifenwasser und erzeugen durch Einleiten von Luft Seifenblasen. Leiten wir dann einen Kohlensäurestrom in das Gefäss, so dass die Luft über den Seifenblasen stark kohlensäurehaltig wird, so bemerken wir, wie die Seifenblasen sich zunehmend ausdehnen dadurch, dass zu der in ihnen abgeschlossenen Luft noch Kohlensäure von aussen durch die Wandung hinzudiffundirt, weil die Kohlensäure, die in der äusseren Luft in grosser, in der inneren Luft nur in kleiner Concentration vertreten ist, sich in beiden Luftvolumen gleichmässig zu vertheilen sucht, denn der Vertheilungscoefficient muss hier natürlich 1 : 1 sein.

Die Wasserlamelle hat auf das Vertheilungsverhältniss — ebenso wie die oben erwähnten Zwischenschichten — keinerlei Einfluss. Sie wirkt nur als „halbdurchlässige Wand", indem sie der Kohlensäure freien Durchtritt gestattet, nicht aber der Luft. Diese Halbdurchlässigkeit beruht darauf, dass die Kohlensäure sich leicht in Wasser löst, die Luft aber fast gar nicht[35]) und der ganze Vorgang der „Osmose" stellt sich dar als eine

---

[34]) Ähnliche Systeme von L'Hermite, Ann. Chim. Phys. (3) **43**, 420 (1854) Chloroform, Wasser, Äther und Crum Brown. Proc. Roy. Soc. Edinb. **22**, 439. Zeitschr. Elektroch. **6**, 531 (1900). Calciumnitrat in Wasser, Phenol, Wasser.

[35]) Absorptionscoefficient bei 15^0 für $CO_2 = 1,002$, für $N_2 = 0,0148$, für $O_2 = 0,0299$. Selbstverständlich dringt auch die Luft, die innen unter höherem Drucke steht als aussen, durch die Wasserwand hinaus. Dieser Vorgang kommt aber gegen die Kohlensäurediffusion nicht in Betracht.

zweimalige Anwendung des Vertheilungssatzes für Kohlensäure auf die Systeme: Aussenluft — Wasserlamelle, Wasserlamelle — Innenluft. Dass die Halbdurchlässigkeit durch die Porengrösse der Seifenblase bedingt wäre, die Kohlensäuremolecüle (Molecularvol. ca. 27) durchlassen, Luftmolecüle (Molecularvol. ca. 14) aber nicht, wird wohl Niemand behaupten.

Solcher halbdurchlässigen Wände sind bisher eine ganze Anzahl bekannt. So lassen z. B. Platinblech und noch besser Palladiumblech den Wasserstoff weit leichter als andere Gase hindurch[36]). Auch hier liegt dem Vorgange erwiesener Maassen die Löslichkeit des Wasserstoffs in den Metallen zu Grunde[37]), und zwar genauer wohl die Löslichkeit der in Einzelatome zerfallenen Molecüle[38]). Thierische Membranen lassen Wasser durch, Äthyl-Alkohol aber nicht, wie durch zahlreiche Versuche von Parrot, Magnus, Liebig, Jolly und Andere lange bekannt geworden ist. Eine Gummihaut lässt Äther durch und Methylalkohol nicht, eine thierische Membran verhält sich gerade umgekehrt[39]).

Man hat auch halbdurchlässige Schichten von Stoffen, die an sich nicht die genügende mechanische Stabilität haben würden, in andere Membranen eingebettet. So benutzt Nernst[40]) eine wassergetränkte Schweinsblase, um Äther durchzulassen, Benzol aber nicht. M. Traube[41]) erzeugt in der Wand einer Thonzelle einen Niederschlag von Ferrocyankupfer, der halbdurchlässig für Wasser ist, Rohrzucker z. B. aber zurückhält[42]).

---

[36]) Deville und Troost, Compt. Rend. **56**, 977 (1863). Graham, Phil. Mag. (4) **32**, 401 (1866). Planck, Thermodynamik S. 199 (1882).
[37]) Dewar, Proc. Chem. Soc. **183**, 192 (1896). Mond, Ramsay und Shields, Proc. Roy. Soc. **62**, 290 (1900).
[38]) Winkelmann, Ann. Phys. (4) **6**, 104 (1901).
[39]) Raoult, Compt. Rend. **121**, 187 (1890).
[40]) Nernst, Zeitschr. **6**, 37 (1890).
[41]) M. Traube, Arch. f. Anat. u. Physiol. 1867, 67.
[42]) Die Ferrocyankupfermembran lässt manche Salze durch (KCl, $NaCl$, $NaNO_3$, HCl), andere nicht ($BaCl_2$). Die Versuche von Adie (Chem. Soc. Journ. 1891, 344) und Ponsot (Compt. Rend. **128**, 1447) sind daher unzuverlässig.

An den letzgenannten Fall wollen wir unsere weiteren Betrachtungen anknüpfen. Eine irgendwie stabil gemachte Ferrocyankupferhaut soll eine concentrirte und eine verdünnte Lösung von Rohrzucker in Wasser trennen. Der Rohrzucker wird zurückgehalten, das Wasser aber kann die Membran passiren und zwar geschieht dies in dem Sinne, dass der Concentrationsunterschied ausgeglichen wird, also von der verdünnten Lösung — oder im Grenzfalle vom reinen Wasser — zur concentrirten Lösung. (Es darf nicht verwirren, dass hier das „Lösungsmittel" durch die Zwischenschicht geht, nicht wie in den oben erwähnten Fällen die „gelöste Substanz". Es sind ja aber in einer Lösung beide Componenten, trotz ihrer verschieden grossen Menge, ganz gleichberechtigt und es ist ganz willkürlich, welche man als Lösungsmittel und welche man als gelöste Substanz bezeichnen will.) Es kommt hier immer nur darauf an, dass die eine Componente des Gemisches die Wand passirt in der Richtung von ihrer grösseren zu ihrer kleineren Concentration.

Die Concentration einer Zuckerlösung an Wassermolecülen ist insofern maassgebend für die Herstellung eines Gleichgewichtes mit dem Wassergehalte der Membran, als bei der Molecularbewegung der Molecüle in der Lösung um so häufiger statt der löslichen Wassermolecüle die unlöslichen Rohrzuckermolecüle gegen die Membran treffen werden, je grösser der Zuckergehalt ist. Ein Liter Wasser enthält $\frac{1000}{18} = 55,5$ oder rund 56 g Mol. Wasser. Setzen wir 1 g Mol. Rohrzucker (342 g) hinzu, so wird im Durchschnitt jedes 57ste gegen die Wand stossende Molecül ein Rohrzuckermolecül sein und dadurch ein Wassermolecül an der Auflösung verhindern. Die zur Auflösung in Frage kommende Anzahl Wassermolecüle wird somit um den Betrag von $1/57$ verringert. Dabei ist es ganz unwesentlich, ob das störende Molecül aus Rohrzucker, Glycerin, Alkohol oder sonst einem ähnlichen Stoffe besteht, es kommt nur auf die Zahl der fremden Molecüle an, nicht auf ihre chemische Natur oder das Volumen, welches sie in der Lösung einnehmen. Es bleibt sich also für den Vorgang der Osmose ganz gleich, ob wir durch die halbdurchlässige Membran zwei verschieden concentrirte Zuckerlösungen oder eine Zuckerlösung und eine Glycerinlösung von verschiedenem Moleculargehalte trennen, vorausgesetzt nur, dass die Wand auch für Glycerin undurchlässig ist.

Den Vorgang des Wasseraustausches zwischen verschiedenartigen Lösungen kann man in folgender von Tammann[43]) angegebenen Weise sehr anschaulich demonstriren. In eine verdünnte Lösung von Kupfersulfat bringt man einen Tropfen von concentrirter Ferrocyankaliumlösung, so dass derselbe an der Oberfläche hängen bleibt. An der Grenzfläche bildet sich eine Haut von Ferrocyankupfer, die Wasser durchlässt, die Salze aber nicht. Die Kupfersulfatlösung giebt dann Wasser an die concentrirtere Ferrocyankalilösung im Inneren des aus der Haut gebildeten Schlauches ab, dieser bläht sich auf und die bei dem Vorgang in der Nähe des Schlauches concentrirter und damit specifisch schwerer gewordene Kupfersulfatlösung fliesst in Schlieren durch die andere noch verdünntere Lösung nach unten ab.

De Vries[44]) benutzte die im Inneren der Pflanzenzellen den flüssigen Zellinhalt umgebende Protoplasmahülle als halbdurchlässige Wand. Wird die Zelle in eine Lösung getaucht, die an Zucker oder einem Salz concentrirter ist als der Zellsaft, so giebt dieser Wasser nach aussen ab, die Hülle zieht sich also zusammen. Dies hört jedoch auf, sowie die Wasserconcentration innen und aussen gleich ist, sowie beide Lösungen „isotonisch" sind. Durch Variation der äusseren Concentration hat de Vries Lösungen verschiedener Stoffe ermittelt, die eben keine Zusammenziehung der Protoplasmahaut veranlassen, die also mit dem Zellsafte und folglich auch mit einander isotonisch sind.

Auch die Blutkörperchen sind mit einer halbdurchlässigen Wand umgeben, die durch Wassereintritt gesprengt wird und den Farbstoff sich nach aussen ergiessen lässt, wenn die umgebende

---

[43]) Wied. Ann. **34**, 299, 1888.
[44]) Pringsheim's Jahrbücher **14**, 427, 1884. Zeitschr. phys. Chem. **2**, 423, 1888. **3**, 103, 1889.

Lösung wasserreicher ist, als der flüssige Inhalt der Blutkörperchen. Von Hamburger[45]) und von Löb[46]) ist hierauf eine Methode zur Auffindung isotonischer Lösungen begründet. Ähnlich ist die von S. G. Hedin[47]) und H. Köppe[48]) ausgearbeitete Methode, bei welcher die der Sprengung vorausgehende Ausdehnung der Blutkörperchen gemessen wird. Hamburger fand so, dass folgende Lösungen isotonisch sind. Die entsprechenden Angaben von de Vries sind zum Vergleich daneben gesetzt.

	Hamburger	De Vries	Molecul.-Gehalt
$NaNO_3$	1,0 Proc.	1,01 Proc.	0,09986
$NaCl$	0,58 -	0,585 -	0,100
CH_3COOK	1,03 -	0,98 -	0,0999

Die in der letzten Spalte berechneten Moleculargehalte der Lösungen sind nahezu identisch, wodurch bewiesen wird, dass nur die Zahl, nicht die Art der gelösten Molecüle in Frage kommt.

Sehr schön werden diese Verhältnisse auch durch physiologische Beobachtungen von Nasse[49]) illustrirt. Derselbe beobachtete nämlich, dass Froschmuskeln ihre Reizbarkeit am wenigsten in folgenden Lösungen verlieren, die offenbar mit dem Inhalte der in Frage kommenden Nervenzellen isotonisch sind:

		Moleculargehalt
$NaCl$	0,6 Proc.	0,103 g Mol.
$NaBr$	1,2 -	0,116
NaJ	1,75 -	0,116
$NaCH_3COO$	0,95 -	0,116
$NaNO_3$	1,0 -	0,117
Na_2HPO_4	1,55 -	0,109

Die in der zweiten Colonne berechneten Moleculargehalte der Lösungen, die natürlich auch unter sich isotonisch sein müssen, bestätigen unsere Regel ganz vorzüglich.

Die Gültigkeit der Regel hört aber auf, sobald wir Lösungen von chemisch unähnlichen Stoffen, d. h. von Salzen einerseits und

---

[45]) Zeitschr. phys. Chem. **6**, 319.
[46]) Ebd. **14**, 424.
[47]) Ebd. **17**, 164. **21**, 272.
[48]) Ebd. **16**, 261. **17**, 552.
[49]) Nasse, Archiv f. Physiol. **2**, 114 (1869). **11**, 140 (1875).

Rohrzucker, Glycerin u. s. w. andererseits in Vergleich setzen. Die Versuche von de Vries ergaben, dass mit einer normalen Lösung von Rohrzucker isotonisch sind Lösungen von folgenden Moleculargehalten:

Invertzucker . . . . 1,—
Äpfelsäure, Weinsäure, Citronensäure 0,94
KNO_3, $NaNO_3$, KCl, NH_4Cl, KCH_3COO . . 0,63
K_2SO_4, Bikaliumcitrat 0,47
$MgCl_2$, $CaCl_2$ 0,43

Nach unseren obigen Auseinandersetzungen (S. 18) ist diese Discrepanz nur dadurch zu erklären, dass 1 g Mol. der Salze oder Säuren eine grössere Zahl als selbständig bei der Löslichkeitsbehinderung des Wassers in der Wand auftretende, also selbständig zur Bewegung Platz verlangende Individuen bildet, wie 1 g Mol. Rohrzucker. Dies kann zwei Ursachen haben:

a) Die Rohrzuckermolecüle ballen sich zu Doppelmolecülen zusammen, die Salzmolecüle aber nicht.

b) Die Salzmolecüle zerfallen in zwei — oder mehrere — Bestandtheile, die Zuckermolecüle aber nicht.

Eine Entscheidung in diesem Dilemma werden wir liefern können, wenn wir den „osmotischen Druck" aus theoretischen Betrachtungen berechnen und finden, dass der Fall des Rohrzuckers der normale ist, die Abweichungen also nach der Hypothese b) zu deuten sind.

Die treibende Kraft bei den geschilderten osmotischen Vorgängen ist der Concentrationsunterschied des von der Wand durchgelassenen Mediums. Der Vorgang spielt sich so ab, als wenn ein gewisser Druck das Wasser z. B. durch die Wand hindurchpresste, obgleich von einer thatsächlichen stossenden Druckwirkung auf die letztere gar keine Rede ist. Die „Lösungstension", mit welcher auf der Seite der verdünnten Lösung (oder des reinen Wassers) das letztere in die nach der Seite der Zuckerlösung immer wieder Wasser abgebende Membran einzutreten sucht, kann allerdings eine dem Process entgegenstehende Kraft überwinden und vor sich herschieben, z. B. ein auf der Zuckerlösung lastendes Gewicht.

Für den Vorgang ist es ferner belanglos, in welchem Aggregatzustande die Lösungen beiderseits der Membran sich befinden, nur muss er beiderseitig der gleiche sein, damit die Vertheilungscoefficienten in den beiden Fällen identisch sind[50]). Wir können also annehmen, dass die Lösungen sich beiderseits im Gaszustande befänden (Wasserdampf und Zuckerdampf). Die treibende Kraft ist auch hier nur der Concentrationsunterschied der Wassermolecüle. Von letzteren suchen soviele in das zuckerhaltige Dampfgemisch einzudringen, bis alle Zuckermolecüle durch Wassermolecüle verdrängt sind. **Der dabei überwundene Druck ist kein anderer als derjenige, den die Zuckermolecüle für sich allein ausüben.**

Wenn wir statt der Dampfgemische Flüssigkeitsgemische haben, wird, wie oben schon bemerkt, an den Verhältnissen nichts geändert. **Auch hier ist der osmotische Druck gerade gleich dem Drucke, den die im selben Volumen als gasförmig gedachten Zuckermolecüle ausüben würden.**

Hervorzuheben ist aber: 1. **Nicht die Zuckermolecüle bringen den osmotischen Druck hervor, sondern die ihrer Anzahl als gleich angenommene Differenz in den Anzahlen der Wassermolecüle.** Der Druck der Zuckermolecüle ist nur der Gegendruck, an dem der osmotische Druck gemessen wird. 2. Der osmotische Druck ist nicht als mit einem Gasdrucke identisch anzusehen, **sondern er vermag nur einen solchen beiseite zu schieben.** Die für einen Gasdruck bei höheren Gasdichten erforderlichen Correctionen (van der Waals'sche

---

[50]) Bei vielen Lösungen wird eine Volumencontraction und ein Freiwerden von Wärme beim Auflösungsprocess beobachtet. Den Grund hierfür muss man in einer specifischen Anziehung suchen, den Wasser und gelöste Substanz aufeinander ausüben. Die concentrirte Lösung zieht dann — neben dem osmotischen Druck — das Wasser aus der Wand in sich hinein und unterstützt den osmotischen Druck, weshalb dieser bei concentrirten Lösungen gewöhnlich übermässig gross gefunden wird. Über die Berechnung in solchen Fällen vgl. Ewan, Zeitschr. phys. Chem. **14**, 409. **31**, 22. Dieterici, Wied. Ann. **52**, 263. Nernst, ebd. **53**, 57. Kistiakowsky, Journ. Russ. Naturw. Ges. **30**, 576. Ref. Chem. Centr. 1899, I, 89.

Correctionen) fallen deshalb hier naturgemäss fort und alle Bemühungen, Compensationen für diese eigentlich nothwendigen Correctionen zu ersinnen, sind unnöthig[51]). 3. Die grössere Lösungstension des Wassers auf der einen Seite wirkt nicht als stossende, dem Gasdruck ähnliche Molecularwirkung auf die halbdurchlässige Wand oder die Gefässwände. Der Pupin'sche Einwand[52]), dass die manchmal nach Hunderten von Atmosphären zählenden osmotischen Drucke die Gefässe sprengen müssten, ist daher hinfällig.

In der letztgenannten Form ist das Gesetz des osmotischen Druckes zuerst von van 't Hoff[53]) ausgesprochen worden. Aus der Gleichheit dieses Druckes mit dem entsprechenden Gasdrucke folgt, dass der osmotische Druck proportional ist
1. der Concentration der Zuckermolecüle,
2. der absoluten (von — 273° an gerechneten) Temperatur.
3. Dass nur die Anzahl, nicht die Art der gelösten Molecüle in Frage kommt.

Durch die bereits vorhandenen Messungen von Pfeffer[54]) konnte das van 't Hoff'sche Gesetz glänzend bestätigt werden. Pfeffer hatte die Zuckerlösung belastet, d. h. mit einem Quecksilbermanometer in Verbindung gesetzt und war so im Stande, die Grösse des eben noch beiseite geschobenen Druckes direct zu messen.

Haben wir eine 1-proc. Zuckerlösung, also 10 g Zucker = $\frac{10}{342}$ g Mol. im Liter und berücksichtigen wir, dass bei 0° (T = 273) der Gasdruck eines g Mol. Gas im Liter 22,43 Atm. beträgt, so erhalten wir für den osmotischen Druck hier den Werth $22,43 \cdot \frac{10}{342}$ Atm. = 0,6559 Atm. und bei 13,7° C. dann

---

[51]) Vgl. Ostwald, Zeitschr. f. phys. Chem. **2**, 280. Bredig, ebd. **4**, 444. Noyes, ebd. **5**, 53. Sutherland, Phil. Mag. (5) **44**, 493.
[52]) Dissert. Berlin 1889.
[53]) Arch. neerland. **20**, 1885. Zeitschr. phys. Chem. **1**, 481, 1887. **5**, 174, 1890.
[54]) Osmot. Untersuchungen, Leipzig 1877.

$$0{,}6559 \cdot \frac{(273 + 13{,}7)}{273} \cdot 760 \text{ mm} = 524 \text{ mm Quecksilber.}$$ Experimentell gefunden wurden 525 mm. Bei 36° C. berechnen wir 564 mm, Pfeffer fand 567 mm. Das Gesetz der Proportionalität mit der Concentration beweisen folgende Zahlen:

	Berechnet	Gefunden
1 Proc.	524 mm	525 mm
2 -	1048 -	1016 -
4 -	2096 -	2082 -
6 -	3144 -	3075 -

Neuere Messungen von Ponsot[55]) und Naccari[56]) bestätigen das Gesetz noch genauer. Es ist so festgestellt worden, dass der osmotische Druck in Pflanzenzellen (de Vries, Jause) und in Nervenzellen (Nasse) 2—4 Atm., in den Vorrathszellen der rothen Rübe (Tammann) und in Bacillen (Wladimiroff) 20—30 Atm. beträgt. Die zerstörende Wirkung der letzteren hängt vielleicht mit der enormen Concentration ihres Inhaltes zusammen.

Weil die theoretisch berechneten Werthe mit den für Zuckerlösungen gefundenen durchweg gut übereinstimmen, werden wir also schliessen, dass hier normale Verhältnisse vorliegen, und dass die Abweichungen von der Regel vielmehr im Verhalten der Salzlösungen zu suchen sind. **Da bei diesen die Molecüle so wirken, als ob sie mehrere selbständig sich bewegende Individuen repräsentiren — wie wir oben sahen — so sind wir zu der Annahme einer theilweise erfolgenden Dissociation derselben in wässrigen Lösungen gezwungen.**

Wenn wir ferner den Vertheilungssatz auf eine Flüssigkeit und ein darüber befindliches Gas anwenden, so erhalten wir das Henry'sche Gesetz[57]), nach welchem ein Gas sich in einer Flüssigkeit auflöst proportional seinem Druck oder präciser ge-

---

[55]) Bull. Soc. Chim. (3) **19**, 9. Compt. Rend. **125**, 867. Die Versuche Compt. Rend. **128**, 1447 sind nicht einwandsfrei, da die benutzte Membran NaCl hindurchlässt.

[56]) Atti Accad. dei Lincei (5) **6**, 32.

[57]) Henry, Gilb. Ann. **20**, 147 (1805). Bunsen, Lieb. Ann. **93**, 1 (1855).

sagt seiner Concentration im Gasraum. Eine Umkehrung dieses Gesetzes giebt uns Aufschluss über den Dampfdruck, d. h. die Concentration der Molecüle im Dampfraum bei einer reinen Flüssigkeit, z. B. Wasser, und bei einer wässrigen Lösung. Da nämlich in letzterer weniger zahlreiche Wassermolecüle die Oberfläche durchbrechen, wird auch ihre Concentration im Dampfraume, d. h. der Dampfdruck geringer sein.

Erinnern wir uns daran, dass in einer normalen Zuckerlösung jedes 57. gegen die Oberfläche treffende Molecül ein Zuckermolecül ist, also die Anzahl der am Übergange in den Dampfraum behinderten Wassermolecüle $1/57$ des ganzen Betrages ausmacht, so werden wir schliessen, dass der Dampfdruck hier um den gleichen Antheil vermindert wird. Ist die Zuckerconcentration grösser, etwa doppelt so gross, so würden unter 58 Molecülen 2 Zuckermolecüle sein, die Dampfdruckverminderung erreichte dann den Betrag von $2/58$, d. h. nahezu das Doppelte wie im vorigen Falle. Auf die Natur der fremden Molecüle kommt es auch hier nicht an, nur auf ihre Anzahl, und wir können somit den Satz aussprechen: **Die Dampfdruckverminderung des Wassers — oder eines beliebigen anderen Lösungsmittels — ist proportional der Anzahl der gelösten fremden Molecüle**[58]).

---

[58]) Da für die Dampfdruckerniedrigung genau dieselben Beziehungen gelten wie für den osmotischen Druck, liegt es nahe, einen Zusammenhang zwischen beiden Grössen zu vermuthen. Der osmotische Druck ist gleich zu setzen dem Gasdruck, den die einerseits der halbdurchlässigen Wand fehlenden Wassermolecüle ausüben würden. Die Dampfdruckdifferenz ist ebenso der Gasdruck, den die im Dampfraume bestehende Concentrationsdifferenz an Wassermolecülen ausübt. Beide Concentrationsdifferenzen sind aber, wie leicht ersichtlich, durch das Vertheilungsverhältniss mit einander verbunden. Dieses ist beim reinen Wasser gegeben durch das Verhältniss der Dichten s_0 des Wassers und d_0 des Dampfes. Es ist also, wenn p_0 der Dampfdruck des Wassers, p_1 derjenige der Lösung und π der osmotische Druck:

$$\frac{\pi}{p_0 - p_1} = \frac{s_0}{d_0} \text{ und } \pi = \frac{s_0}{d_0}(p_0 - p_1).$$

Vgl. hierzu: van 't Hoff, Zeitschr. phys. Chem. **1**, 494, 1887. Arrhenius, Zeitschr. phys. Chem. **3**, 115, 1889.

Der Dampfdruck des reinen Wassers beträgt bei 100^0 760 mm. In einer normalen Zuckerlösung ist derselbe um $^1/_{57}$ vermindert, d. h. um $\frac{760}{57} = 13{,}3$ mm.

Alle diese Resultate stehen durchaus im Einklange mit den experimentell gewonnenen Erfahrungen. v. Babo[59]) und Wüllner[60]) wiesen nach, dass die Dampfdruckverminderung einer Lösung proportional ist der Concentration. Ostwald[61]) sprach wohl zuerst den Satz aus, dass die Erniedrigung unabhängig ist von der Natur der gelösten Substanz, und Raoult[62]) lieferte hierfür den experimentellen Nachweis. Lösungen verschiedener Substanzen in Alkohol von solcher Concentration, dass 1 Mol. Substanz auf 100 Mol. Alkohol kam, zeigten eine Dampfdruckerniedrigung im Betrage folgender Bruchtheile des Gesammtwerthes (theoretisch $^1/_{100}$!).

Kaliumacetat	0,0100	Calciumnitrat	0,0099
Natriumperchlorat	0,0098	Thymol	0,0106
Lithiumchlorid	0,0104	Diphenylamin	0,0100

Auch bei anderen Lösungsmitteln fand sich die gleiche Regelmässigkeit wieder, wenn nichtflüchtige Stoffe (Zucker, Glukose, Weinsäure, Harnstoff, Naphtalin, Thymol, Anilin u. s. w.) in der gleichen Concentration von 1 Mol. auf 100 Mol. Lösungsmittel gelöst wurden. Die entsprechenden Bruchtheile der Erniedrigung betrugen bei folgenden Lösungsmitteln:

Wasser	0,0102	Benzol	0,0106
Schwefelkohlenstoff	0,0105	Äther	0,0096
Tetrachlormethan	0,0105	Aceton	0,0101
Chloroform	0,0109	Methylalkohol	0,0103

Bereits Tammann[63]) hatte indessen constatirt, dass das Gesetz von der Constanz der „molecularen" d. h. durch Auf-

---

[59]) von Babo, Die Spannkraft des Wasserdampfes, Freiburg 1847. Jahrb. Fortschr. Chem. 1847/48, S. 93.

[60]) Wüllner, Dissert. 1856. Pogg. Ann. **103**, 529. **105**, 85. **110**, 564 (1858—1860).

[61]) Ostwald, Lehrb. d. Allgem. Chem., I. Aufl. 1883.

[62]) Raoult, Compt. Rend. **103**, 1125 (1886). **107**, 442 (1888).

[63]) Tammann, Wied. Ann. **24**, 523 (1885). Ber. Petersb. Acad. **35**, No. 9 (1887).

lösung von 1 g mol. Substanz im Liter erzeugten Dampfdruckverminderung nur solange gilt, als chemisch gleichartige Stoffe aufgelöst werden. Untersuchungen von Emden[64]) und Walker[65]) bestätigten seine Resultate, von denen einige angeführt werden sollen. Die Zahlen bezeichnen hierbei die an äquivalent normalen wässrigen Lösungen beobachteten Erniedrigungen des Dampfdruckes in mm Hg.

Phosphorsäure	14,0	KCl	24,4	$MgCl_2$	39,0
Milchsäure	12,4	$NaCl$	25,2	$SrCl_2$	38,8
Weinsäure	14,3	KNO_3	21,1	$CaCl_2$	39,3
Glycocoll	12,2	$NaBr$	25,9	$CaBr_2$	44,2
Alanin	12,5	$NOOH$	22,8		
Asparagin	12,4				
Salicin	10,8	H_2SO_4	26,5		
Leucin	10,5	Na_2CO_3	27,3		
		K_2SO_4	26,7		

Wir ersehen aus dieser Tabelle, dass die Dampfdruckerniedrigungen bei Salzlösungen höher sind, als bei Stoffen wie Glycocoll, Asparagin u. s. w. Da im letzten Falle die gefundenen Werthe mit dem theoretisch berechneten (13,3 mm) nahezu übereinstimmen, werden wir hier normale, bei den Salzen anomale Verhältnisse anzunehmen haben. Die zu grossen Werthe deuten auch hier wieder darauf hin, dass ein Theil der gelösten Salzmolecüle mehr als ein selbständig Raum zur Bewegung beanspruchendes Individuum repräsentiren, also sich im Zustande eines Zerfalls befinden.

Weil die Messung der Dampfdruckverminderungen trotz verschiedentlicher Bemühungen immer noch eine experimentell schwer durchzuführende Aufgabe ist, hat Beckmann[66]) vorgeschlagen, statt dessen die entsprechenden Siedepunktserhöhungen zu bestimmen. Der Siedepunkt ist ja bekanntlich die Temperatur, bei welcher der Dampfdruck den Betrag von 760 mm erreicht. Im Falle des reinen Wassers ist dies bei 100° der Fall; ist aber

---

[64]) Emden, Wied. Ann. **31**, 145 (1887).
[65]) Walker, Zeitschr. phys. Chem. **2**, 602, 1888.
[66]) Beckmann, Zeitschr. phys. Chem. **4**, 532. **6**, 437. **8**, 223. **18**, 473 (1889—1895).

der Dampfdruck durch Zuckerzusatz vermindert, so muss die Temperatur entsprechend höher genommen werden, um die gleiche Spannung von 760 mm zu erreichen. **Der Siedepunkt der Lösungen liegt also stets höher, als derjenige des reinen Lösungsmittels**, wie schon Faraday[67]) constatirt hat.

Die Zunahme des Dampfdruckes mit steigender Temperatur ist nun bei den in Frage kommenden kleinen Intervallen als nahezu einfach proportional der Temperaturzunahme anzusetzen. Nach den neuesten Messungen von Wiebe[68]) beträgt die Dampfspannung des Wassers bei

$$\begin{array}{ll} 99,5° & 746,52 \text{ mm} \\ 100 & 760 \quad - \\ 100,5° & 773,69 \quad - \end{array} \begin{array}{l} > 13,48 \text{ mm} \\ > 13,69 \text{ -} \end{array}$$

Wenn also eine normale Zuckerlösung eine um etwa 13,3 mm erniedrigte Dampfspannung besitzt, so wird sie gerade um 0,5° höher erhitzt werden müssen, als reines Wasser, damit sie zum Sieden kommt. Bei Salzlösungen ist die Dampfdruckerniedrigung grösser, also wird auch die erforderliche Erhöhung des Siedepunktes entsprechend grösser sein müssen.

Nach Versuchen von Beckmann[69]) berechnen wir die Siedepunktserhöhung von wässrigen Lösungen, die durch Ersetzung von 1 g Mol. Wasser im Liter durch 1 g Mol. gelöste Substanz gebildet sind, für

$$\begin{array}{ll} \text{Rohrzucker} & 0,509° \\ \text{Mannit} & 0,514° \end{array}$$

dagegen
$$\text{Natriumacetat} \quad 0,911°$$

In ähnlicher Weise wie der Siedepunkt steht auch der Gefrierpunkt einer Flüssigkeit in gewisser Beziehung zu ihrem Dampfdrucke. Freilich ist dieselbe hier nicht so einfach wie im vorigen Falle.

Ebenso nämlich, wie das flüssige Wasser, hat auch das Eis einen gewissen Dampfdruck, dessen Abhängigkeit von der Tem-

---

[67]) Faraday, Ann. Chim. Phys. **20**, 324 (1822).

[68]) Wiebe, Tafeln über die Spannkraft des Wasserdampfes, Braunschweig 1894.

[69]) Beckmann, Zeitschr. phys. Chem. **6**, 437.

peratur aber durch eine von der Dampfdruckcurve des Wassers verschiedene Curve dargestellt wird. Diese beiden Curven schneiden sich in einem Punkte und die letzterem zugehörige Temperatur — wo also die Dampfdrucke des Wassers und des Eises identisch werden — entspricht (nahezu) dem Gefrierpunkte. Wird der Dampfdruck des Wassers durch Auflösen von Rohrzucker z. B. erniedrigt, so wird die Dampfdruckcurve des Wassers parallel nach unten verschoben. Die Curve des Eises bleibt aber dieselbe, denn auch aus Lösungen friert reines Eis aus. Der Schnittpunkt beider Curven wird verlegt und zwar in dem Sinne, dass der Gefrierpunkt einer niedrigeren Temperatur entspricht. Der Betrag dieser Gefrierpunktsdepression ist hier nicht so einfach zu berechnen, wie im obigen Falle. Nur das Eine können wir voraussagen, da auf kurze Strecken die Curven als geradlinig angesehen werden dürfen, dass nämlich der Verschiebung der Dampfdruckcurve des Wassers die Herabsetzung des Gefrierpunktes einfach proportional ist.

Die Thatsache, dass Lösungen immer bei niederen Temperaturen gefrieren, als das reine Lösungsmittel, und dass die Gefrierpunktserniedrigung dem Gehalte der Lösung proportional ist, wurde schon von Blagden[70], Rüdorff[71] und de Coppet[72] festgestellt. Letzterer erkannte auch bereits, dass innerhalb gewisser Salzgruppen äquivalente Lösungen gleiche Gefrierpunktsdepressionen aufwiesen.

Dass auch hier, wie beim Dampfdruck und Siedepunkt, die gleichem Moleculargehalte entsprechende Depression in allen (normalen) Fällen constant ist, sprach Raoult[73] zuerst auf Grund zahlreicher, besonders mit organischen Substanzen angestellter Versuche aus. Die folgenden Tabellen geben einige der Messungs-

---

[70] Blagden, Phil. Trans. **78**, 277 (1788).

[71] Rüdorff, Pogg. Ann. **114**, 63 (1861). **116**, 55 (1862). **145**, 599 (1871).

[72] de Coppet, Ann. Chim. Phys. (4) **23**, 366. **25**, 502. **26**, 98 (1871—72).

[73] Raoult, Compt. Rend. **87**, 167 (1878). **94**, 1517. **95**, 188 u. 1030 (1882). Ann. Chim. Phys. (6) **2**, 66, 1884.

resultate von Raoult wieder und zwar bedeuten die Zahlen die sogenannte „moleculare Gefrierpunktsdepression" d. h. diejenige Erniedrigung des Gefrierpunktes in Celsiusgraden, die 1 g Mol. der gelösten Substanz in 100 g Lösungsmittel hervorrufen würden. Dieselbe beträgt etwas mehr als das Zehnfache der Depression in einer äquivalent normalen Lösung. (1 g Mol. im Liter.)

Lösungsmittel:		
Essigsäure		Benzol
Substanz:		
Nitrobenzol . . .	41,0	48,0
Chloroform . . .	38,6	51,1
Schwefelkohlenstoff	38,9	49,7
Naphtalin	39,2	50,0
Äther	39,4	49,7
Hexan	40,1	51,3
Ameisensäure . .	36,5	23,2
Methylalkohol . .	35,7	25,3
Äthylalkohol . .	36,4	28,2
Phenol	36,2	32,4
Essigsäure . . .	—	25,3

Lösungsmittel: Wasser.

I.
Harnstoff 17,2
Äther 16,6
Methylalkohol 17,3
Äthylalkohol 17,3
Glycerin 17,1
Rohrzucker 18,5
Phenol 15,5
Anilin 15,3

II.
Ammoniak 19,9
Äthylamin 18,5
Essigsäure 19,0
Oxalsäure 22,9
Weinsäure 19,5
Cyanwasserstoff 19,4
Schwefelwasserstoff . . 19,2

III.
HCl . . . 39,1
HNO$_3$ . . . 35,8
H$_2$SO$_4$ . . . 38,2
KOH . . . 35,3
NaOH . . . 36,2
Ba(OH)$_2$ . . 49,7
Ca(OH)$_2$ . . 48,0

IV.
KCl 33,6
NaCl . . . 35,1
NH$_4$Cl . . . 34,8
KJ 35,2
KCy 32,2
KNO$_3$ . . . 30,8
NaNO$_3$ . . . 34,0

V.
K$_4$FeCy$_6$ . . 46,3
K$_2$CO$_3$ . . . 41,8
K$_2$SO$_4$ . . . 39,0
K$_2$C$_2$O$_4$ . . . 46,8
CaCl$_2$ . . . 49,9
PbN$_2$O$_6$ . . 37,4

Die Tabellen lehren uns Folgendes: Bei wässrigen Lösungen üben schwache Säuren und Basen einen nur wenig stärkeren deprimirenden Einfluss aus, als organische Substanzen, wie Rohrzucker u. s. w. Starke Säuren und Basen sowie besonders die

Salze aber zeigen bis zur dreifachen Depression einer äquivalenten Menge von Rohrzucker. Wir schliessen hieraus wieder, dass die Salze, Säuren und Basen sich im Wasser im Zustande eines Zerfalls befinden.

In der Essigsäure verhalten sich anscheinend alle Stoffe normal und im Benzol haben gerade die Säuren eine geringere Moleculardepression als andere auch im Wasser normale Substanzen, wie z. B. Äther. Dies scheint dem nach den Versuchen mit wässrigen Lösungen gewonnenen Resultate, dass Äther nicht zerfallen ist, wohl aber die Säuren, zu widersprechen. Und wir könnten daran zweifeln, dass im Wasser wirklich der Rohrzucker u. s. w. sich normal verhält und nicht etwa wie Essigsäure im Benzol einen geringeren als den Normalwerth zeigt, welcher letztere dann den Salzen zukommen würde.

Von van 't Hoff ist aber auf thermodynamischer Grundlage eine Formel abgeleitet, welche die Berechnung der normalen Depression gestattet. Diese Beziehung, deren Begründung hier freilich nicht in Kürze gegeben werden kann, lautet:

$$\varepsilon = \frac{2\,T^2}{100\,L},$$

wo T die absolute (von -273 an gemessene) Temperatur des Schmelzpunktes, L die Schmelzwärme des Lösungsmittels (pro 1 g) bedeutet.

Diese Formel ergiebt folgende Moleculardepressionen

	T	L	ε ber.	ε beob.
Wasser . . .	273	79	18,9	18,5
Essigsäure . .	290	43,2	38,8	38,6
Benzol . . .	277,9	29,1	53,0	50,0

Wir ersehen hieraus, dass in der That in wässrigen Lösungen der Rohrzucker sich normal verhält, die Salze aber anomal.

Die zu geringen Depressionen einiger Stoffe im Benzol lassen keine andere Deutung zu, als dass im Gegensatz zu dem beobachteten Zerfall der Salze im Wasser hier mehrere Molecüle zu Doppelmolecülen zusammengetreten sind. Diese Hypothese wird unterstützt dadurch, dass auch aus anderen Beobachtungen — z. B. Dampfdichtebestimmungen [74]) und Messungen der Capillarconstanten [75]) — gerade bei diesen Stoffen auf ein Polymerisationsbestreben geschlossen werden muss. Der anscheinende Widerspruch gegen die Annahme eines Zerfalles der Salze in wässrigen Lösungen wird also damit behoben.

---

[74]) Cahours, Compt. Rend. **19**, 771. Horstmann, Ann. Chem. Suppl. **6**, 51.
[75]) Eőtvős, Wied. Ann. **27**, 452 (1886). Ramsay u. Aston, Zeitschr. phys. Chem. **15**, 98 (1894).

III. Die weitere Entwickelung der Dissociationstheorie.

In den beiden vorhergehenden Theilen ist gezeigt worden, wie auf zwei principiell ganz von einander verschiedenen Wegen sich die Thatsache ergiebt, dass die Salzmolecüle in wässriger Lösung sich anders verhalten, als z. B. die Molecüle des Rohrzuckers, und dass diese Abweichungen durch die Dissociation der Salze in mehrere (elektrisch geladene) Ionen erklärt werden müssen. Auch wurde schon darauf hingewiesen, dass nicht die gesammte aufgelöste Salzmenge, sondern nur ein Bruchtheil derselben dissociirt ist, wie gross dieser Bruchtheil aber angenommen werden muss, konnte zunächst noch nicht ermittelt werden.

Es ist das unbestreitbare Verdienst von Arrhenius, dass er durch Combination der beiden isolirt entwickelten Gedankenreihen die Dissociationstheorie zwar nicht geschaffen, aber doch einer weiteren Entwicklung fähig gemacht hat. Er lieferte zum ersten Male den Nachweis, dass die auf beiden Wegen gewonnenen Resultate identisch sind, und dass so die Grundhypothese der elektrolytischen Dissociation aufs Beste bestätigt wird.

Zur Berechnung des Dissociationsgrades ging Arrhenius einmal aus von den anomalen Erniedrigungen des Gefrierpunktes. Wenn hier n g Mol. im Liter Wasser gelöst sind, so beträgt die Depression des Gefrierpunktes nicht, wie normaler Weise zu erwarten wäre, $n \cdot \Delta t^0$, sondern sie ist grösser, und der Werth $n \cdot \Delta t^0$ muss noch mit dem van 't Hoff'schen[76]) Factor i multiplicirt werden, der wesentlich grösser als 1 ist. Dies ist dahin

---

[76]) van 't Hoff, Arch. neerland. **20**, 1885. Zeitschr. phys. Chem. **1**, 500, 1887.

zu deuten, dass statt der erwarteten n sich i.n selbständige Individuen — Molecüle und Ionen — in der Lösung befinden, dass also $n \cdot i - n = n(i-1)$ Ionen neugebildet oder $n(i-1)$ Molecüle unter Abspaltung je eines Ions Dissociation erlitten haben. Der Dissociationsgrad α, d. h. der Bruchtheil der im Dissociationszustande befindlichen Molecüle beträgt demnach $\alpha = i - 1$.

Dies gilt für Salze vom Typus des KCl. Das K_2SO_4 zerfällt in 3 Ionen, $\overset{+}{K} + \overset{+}{K} + \overset{--}{SO_4}$. Jedes der $n\alpha$ dissociirten Molecüle vermehrt sich also um 2 neue Individuen und hier ist $i - 1 = 2\alpha$, daher $\alpha = \dfrac{i-1}{2}$. In jedem Falle ist aber nach diesen beiden und noch grösserer Ionenzahl entsprechend zu entwickelnden Formeln der Dissociationsgrad zu berechnen, sowie der van 't Hoff-Factor i aus anomalen Werthen des osmotischen Druckes, Dampfdruckes, Gefrierpunktes oder Siedepunktes experimentell festgelegt werden konnte.

Auch aus den Leitfähigkeitswerthen der Salzlösungen lehrten Arrhenius[77]) und gleichzeitig Planck[78]) den Grad der Dissociation berechnen. Es war beobachtet worden, dass das specifische Leitvermögen der Salzlösungen mit fortschreitender Verdünnung zunimmt. Beträgt dasselbe z. B. für eine äquivalent normale KCl-Lösung[79]) (in bestimmten Einheiten) 98,28, so ist das Leitvermögen einer 0,0001 normalen Lösung nicht 0,009828, sondern wesentlich grösser, nämlich 0,012905. Wenn ein g Mol. KCl also in dem Zustande, den es in äquivalent-normaler Lösung besitzt, das Leitvermögen 98,28 hat, so würde dasselbe g Mol. in dem Zustande, der seinen Molecülen in der 0,0001-normalen Lösung zukommt, das Leitvermögen 129,05 aufweisen und im Zustande unendlicher Verdünnung — wie durch Extrapolirung

---

[77]) Bihg. till Svensk. Akad. Handl. **8**, Heft **13** u. **14** (1884). Zeitschr. phys. Chem. **1**, 631 (1887).

[78]) Planck, Wied. Ann. **32**, 462 (1887). Zeitschr. phys. Chem. **1**, 576 (1887).

[79]) Nach Kohlrausch u. Maltby. Sitzber. Berl. Akad. 1899, 665.

erhalten wird — 131,2. Die Leitung der Elektricität wird, wie wir im I. Theile sahen, ausschliesslich durch die Ionen besorgt; wenn die Fähigkeit, Elektricität zu befördern, mit der Verdünnung zunimmt, so muss dieses in einer entsprechenden Zunahme der Dissociation der Salzmolecüle seinen Grund haben. Im Zustande der unendlichen Verdünnung können wir die Molecüle als vollständig zerfallen ansehen (also Dissociationsgrad $\alpha = 1$) und der Grad der Dissociation bei einer beliebigen anderen Verdünnung ergiebt sich dann aus der Proportion

$$\alpha : \alpha_\infty = \lambda : \lambda_\infty$$

und da

$$\alpha_\infty = 1 \quad \alpha = \frac{\lambda}{\lambda_\infty}.$$

Für die äquivalentnormale KCl-Lösung haben wir so $\alpha = \frac{98,28}{131,2} = 74,8$, für die 0,0001 normale $\alpha = \frac{129,05}{131,2} = 98,7$.

Wir haben sonach die Möglichkeit, den Dissociationsgrad einer jeden Salzlösung auf zwei gänzlich von einander unabhängigen Wegen zu ermitteln, und wenn die beiden Werthe mit einander übereinstimmen, so ist dies ein Zeichen für die Richtigkeit der ihrer Ableitung zu Grunde liegenden Hypothesen. Die erste derartige Gegenüberstellung wurde von Arrhenius[80]) ausgeführt. Die folgende Tabelle giebt die beiden Zahlenreihen nach Gefrierversuchen und Leitfähigkeitsmessungen für zwei Salze, die erwähnte Abhandlung von Arrhenius bringt natürlich eine weit grössere Zahl von Beispielen. Anstatt der α-Werthe sind, wie im Original, die daraus leicht erhältlichen i angeführt.

NaCl			$Na_2 SO_4$		
Moleculargehalt	i a. d. Gefrierpunkt	i a. d. Leitfähigkeit	Moleculargehalt	i a. d. Gefrierpunkt	i a. d. Leitfähigkeit
0,0467	2,00	1,88	0,0280	2,66	2,47
0,117	1,93	1,84	0,0701	2,46	2,33
0,194	1,87	1,82	0,117	2,33	2,29
0,324	1,86	1,79	0,195	2,21	2,17
0,539	1,85	1,74			

[80]) Arrhenius, Zeitschr. phys. Chem. **2**, 491 (1888).

Einige Zeit später wurde eine gleiche Zusammenstellung der i-Werthe von van 't Hoff und Reicher[81]) gegeben, welche auch die von de Vries gemessenen anomalen osmotischen Drucke berücksichtigt:

Salz	Molecular-gehalt	de Vries osm. Druck	Arrhenius Gefrierpunkt	van 't Hoff und Reicher Leitfähigkeit
KCl	0,14	1,81	—	1,86
CaN_2O_6	0,18	2,48	2,47	2,46
$MgSO_4$	0,38	1,25	1,20	1,35
LiCl	0,13	1,92	1,94	1,84
$MgCl_2$	0,19	2,79	2,68	2,48
$SrCl_2$	0,18	2,69	2,52	2,51

Die Übereinstimmung der Zahlen ist nicht vollkommen, doch lässt sich immerhin erkennen, dass die Theorie ihre Bestätigung findet. Die Abweichungen sind theilweise begründet in Messungsfehlern, die bei der damals noch wenig ausgebildeten Technik der Gefrierpunktsbestimmungen ganz unvermeidlich waren. Andererseits kommt die mangelhafte Übereinstimmung auch daher, dass der Bruch $\dfrac{\lambda}{\lambda_\infty}$ den Dissociationsgrad nicht mit vollständiger Genauigkeit ergiebt. Die Leitfähigkeit λ ist in gewissem Grade ausser von der Zahl der vorhandenen Ionen auch abhängig von der Fluidität des Lösungsmittels, in welchem die Ionen wandern. Diese Fluidität ist eine andere für eine normale Salzlösung als für reines Wasser, bald grösser, bald kleiner, und daher werden λ und λ_∞ in verschiedener Weise beeinflusst. Von Abegg[82]) ist dieser Umstand in Rechnung gezogen worden und die Dissociationsgrade werden mit einer entsprechenden Correction in folgender Weise verändert:

Normal	Uncorr. Proc.	Corr. Proc.
NaCl	67,5	71,2
KCl	76,7	78,5
KNO_3	62,3	61,3

Die zweiten i-Werthe für NaCl in der obigen Tabelle müssen also um einige Procente vergrössert werden und nähern sich dadurch den Vergleichswerthen bedeutend mehr.

---

[81]) van 't Hoff u. Reicher, Zeitschr. phys. Chem. **3**, 198 (1889).
[82]) Abegg, Öfvers. Kgl. Svensk. Akad. Förhandl. 1892, Heft 10, 517.

Mit den heutzutage verfeinerten Hülfsmitteln können die Messungen weit exacter ausgeführt werden und die Übereinstimmung der i-Werthe wird dementsprechend besser, wie folgende Tabelle für KCl von Loomis zeigt.

Moleculargehalt	i a. d. Gefrierpunkt	i a. d. Leitfähigkeit
0,1	1,857	1,864
0,05	1,886	1,888
0,02	1,911	1,922
0,01	1,941	1,941

Ein dritter unabhängiger Weg, die Dissociationsgrade zu berechnen, beruht auf der von Nernst[83]) entwickelten Theorie der Löslichkeitsbeeinflussung, die wir später eingehend zu besprechen haben werden. Hier mag nur erwähnt werden, dass auch die auf diese Weise gewonnenen Zahlen sich den aus der Leitfähigkeit berechneten sehr gut anschliessen (Noyes und Abbot[84]). So wurden gefunden für gesättigte Lösungen von

	a. d. Löslichkeitsbeeinflussung Proc.	a. d. Leitfähigkeit Proc.
TlCl	$\alpha = 86{,}5$	86,6
TlCSN	$= 86{,}6$	85,6
TlBrO$_3$	$= 90{,}2$	89,0

Nachdem wir gesehen, wie die Dissociationsgrade aus den Leitfähigkeitsmessungen berechnet werden können, sollen in der folgenden Tabelle die Dissociationsgrade für eine Reihe von Elektrolyten (Salzen, Säuren und Basen) mitgetheilt werden, die sich unter Zugrundelegung der von Kohlrausch ausgeführten Leitfähigkeitsbestimmungen ergeben. Die λ_∞-Werthe können natürlich nur durch die Extrapolirung der an verdünnten Lösungen gewonnenen Reihen berechnet werden. Nach dem Gesetz von Kohlrausch (s. Theil I) setzen sie sich aus je zwei Factoren zusammen, die den einzelnen Ionen angehören. Kennt man diese Factoren, so ist die λ_∞ für jedes beliebige Salz von vornherein zu berechnen. Einige dieser Factoren sind z. B.

---

[83]) Nernst, Zeitschr. phys. Chem. **4**, 372.
[84]) Noyes u. Abbot, ebd. **16**, 125. Vgl. auch Noyes, ebd. **26**, 699.

$$\begin{array}{ll}
K = 65{,}3 & \tfrac{1}{2}\,Ca = 53{,}0 \\
Na = 44{,}4 & \tfrac{1}{2}\,Zn = 47{,}5 \\
Ag = 55{,}7 & H = 318 \\
Cl = 65{,}9 & \tfrac{1}{2}\,SO_4 = 69{,}7 \\
J = 66{,}7 & \tfrac{1}{2}\,C_2O_4 = 63 \\
C_2H_3O_2 = 33{,}7 & OH = 173
\end{array}$$

Sie stellen die Wanderungsgeschwindigkeiten der Ionen dar, wie früher schon erwähnt wurde.

Dissociation der Elektrolyte in Procenten (100 α) bei 18⁰.

Moleculargehalt	KCl	AgNO$_3$	NaCH$_3$COO	K$_2$SO$_4$	$\tfrac{1}{2}$ ZnSO$_4$	$\tfrac{1}{2}$ ZnCl$_2$	HCl	KOH	NH$_4$OH	CH$_3$COOH
1	74,8	58,2	52,7	53,1	22,7	48,2	78	77	0,4	0,37
0,1	85,3	81,3	78,2	71,0	39,5	72,3	91	89	1,4	1,3
0,01	93,4	93,3	89,9	87,0	62,7	86,4	96	95	4,0	4,1
0,001	97,3	97,9	96,3	95,6	84,1	94,4	98	98	11,8	11,7
0,0001	98,7	99,2	98,3	98,9	93,4	97,0	—	—	27,7	30,4

Für einige grössere Concentrationen (10-fach normal) ist 100 α

$$\begin{array}{l}
HCl = 16{,}8 \\
KOH = 18{,}7 \\
LiCl = 11{,}2
\end{array}$$

Die Tabelle zeigt zunächst, dass ausnahmslos der Dissociationsgrad mit steigender Verdünnung der wässrigen Lösungen zunimmt.

Alle Salze des Typus KCl sind — besonders in verdünnten Lösungen — sehr stark und nahezu gleichmässig dissociirt, gleichviel ob sie aus starker Säure und starker Basis bestehen (KCl), aus starker Säure und schwacher Basis (AgNO$_3$) oder aus schwacher Säure und starker Basis (NaCH$_3$COO). Bei 0,0001 normaler Lösung ist der Zerfall schon nahezu vollständig.

Die Salze der Typen K$_2$SO$_4$, ZnSO$_4$, ZnCl$_2$ sind schwächer zerfallen als die vorigen, doch erreichen sie in 0,0001-Lösungen auch hohe α-Werthe. Salze wie K$_2$SO$_4$ und ZnCl$_2$ dissociiren sich in 3 Ionen und zwar in zwei Stufen

$$1.\quad K_2SO_4 = \overset{+}{K} + \overset{-}{K}SO_4$$

$$2.\quad \overset{-}{K}SO_4 = \overset{+}{K} + \overset{=}{S}O_4.$$

Der erste Zerfall tritt weitaus häufiger ein wie der zweite, z. B. berechnet Ende[85]) für eine 0,0388 normale $PbCl_2$-Lösung den ersten Zerfall zu 94,8, den zweiten nur zu 51,1 Proc. Andere Autoren geben den „zweiten Dissociationsgrad" immer nur zu wenigen Procenten an, Noyes[86]) freilich berechnet ihn als ziemlich ebenso stark wie den ersten.

Die Säuren und Basen unterscheiden sich von den Salzen sehr wesentlich dadurch, dass die Dissociationsgrade sehr erheblich schwanken je nach der Stärke der Säure oder Basis. Die Zahlen für HCl und $NaOH$ einerseits, CH_3COOH und NH_4OH andererseits zeigen dies zur Genüge. Die Dissociationsgrade einiger anderer Säuren in 0,1-Lösungen geben Walker und Cormack[87]) wie folgt an:

	Proc.		Proc.
HCl	91,4	H_3BO_3	0,013
CH_3COOH	1,3	HCy	0,011
H_2CO_3	0,174	C_6H_5OH	0,0037
SH_2	0,075		

Besonders hervorgehoben werden soll aber nochmals, dass diese Unterschiede in den Salzen verschwinden. KCy ist nahezu ebenso dissociirt wie KCl.

Für die mehrbasischen Säuren gilt dasselbe wie für die mehrwerthigen Salze (K_2SO_4 u. s. w.); die zweite Dissociation verschwindet in den schwachen Säuren so vollständig, dass z. B. Bernsteinsäure, Citronensäure einfach als einbasisch dissociirt anzusehen sind.

Der Dissociationsgrad ist stark abhängig von der Temperatur. Er nimmt gewöhnlich mit steigender Temperatur ab[88]). So ist z. B. für

$$0,01 \text{ norm. } KCl \text{ bei } 18^0 \; 100\alpha = 93,4 \text{ Proc.}$$
$$0^0 \qquad = 96,2 \text{ - }{}^{89}).$$

---

[85]) Ende, Zeitschr. anorg. Chemie **26**, 129.
[86]) Noyes, Zeitschr. phys. Chem. **36**, 63.
[87]) Walker und Cormack, Proc. Chem. Soc. **15**, 208, 1899.
[88]) Abegg, Wied. Ann. **60**, 54. Dorn und Völlmer, ebd. **60**, 468.
[89]) Whetham, Proc. Roy. Soc. **66**, 192.

Die Leitfähigkeit nimmt freilich mit steigender Temperatur zu, weil die Reibungswiderstände bei der Ionenwanderung geringer werden und den Dissociationsabfall übercompensiren.

Die Elektrolyte leiten im reinen Zustande nur sehr wenig, wie reine Essigsäure, reine flüssige Salzsäure, flüssiger Ammoniak u. s. w. Die Leitfähigkeit des reinen Wassers beträgt z. B. nach Kohlrausch und Heydweiller nur: 0,0004, wenn diejenige einer normalen KCl-Lösung = 982 gesetzt wird. In den reinen Substanzen sind — wohl in Folge der erheblichen Concentration — nur wenige Ionen vorhanden.

Mit zunehmender Temperatur erhalten die Salze auch, solange sie noch nicht geschmolzen sind, ein gewisses Leitvermögen, besonders in Salzgemischen. Über den Grad der Dissociation in diesem Falle liegen noch wenig Angaben vor. Abegg[90]) berechnet dieselbe in geschmolzenem AgCl zu 1 Proc., Gordon[91]) in geschmolzenem $AgNO_3$ dagegen zu etwa 50 Proc. Sicher ist nur, dass ein Leitvermögen existirt und folglich wohl auch eine gewisse Spaltung in Ionen.

Der Dissociationsgrad α besagt, dass von 100 Molecülen 100 α zerfallen sind, doch ist dies nicht so aufzufassen, als ob bestimmte Molecüle sich dauernd im Dissociationszustande befänden, während andere unzerfallen bleiben. Dies würde eine Verschiedenheit zwischen den Molecülen beider Klassen bedingen. Vielmehr haben wir auch hier ein kinetisches Gleichgewicht, wie wir solche schon im II. Theile kennen lernten. Es findet ein fortwährender Zerfall der Molecüle statt, der um so häufiger eintritt, je mehr nichtdissociirte Molecüle zugegen sind, und daneben eine Wiedervereinigung, um so häufiger, je öfter Ionen der einen Art mit einem Ion der anderen Art zusammentreffen. In verdünnten Lösungen ist dies Letztere durch die räumlichen Verhältnisse erschwert, während der Zerfall nicht durch dieselben beeinflusst wird, die Dissociation muss also hier relativ grösser werden. Beide Reactionen halten sich nun das Gleichgewicht, so

---

[90]) Abegg, Zeitschr. f. Elektrochem. **5**, 535.
[91]) Gordon, Zeitschr. phys. Chem. **28**, 302.

dass in der Zeiteinheit gleichviel Molecüle zerfallen und wiedergebildet werden. Die Häufigkeiten der beiden Umsetzungen sind also als gleich anzusehen. Wir haben, wenn c_0 nicht dissociirte Molecüle, c_1 und c_2 Ionen der beiden Arten in Lösung sind, die Geschwindigkeiten proportional zu setzen für den Zerfall: $K_1 c_0$, für die Vereinigung $K_2 c_1 c_2$. Also wird im Gleichgewichtszustande die sogenannte Dissociationsisotherme

$$K_1 c_0 = K_2 c_1 c_2.$$

Sind die beiden Ionenconcentrationen einander gleich, was, wie wir später sehen werden, nicht immer der Fall zu sein braucht, und führen wir den Moleculargehalt m der Lösung und den Dissociationsgrad α ein, so wird für einen binären Elektrolyten (Typus KCl)

$$K_1 m (1-\alpha) = K_2 m\alpha \cdot m\alpha$$

oder wenn $\dfrac{K_1}{K_2} = K$

$$K = \frac{\alpha^2}{1-\alpha} m.$$

Diese Anwendung des Guldberg-Waage'schen[92]) Massenwirkungsgesetzes auf die vorliegenden Verhältnisse ist zuerst von Ostwald[93]) und gleichzeitig von van 't Hoff[94]) und Planck[95]) gemacht worden. Die Formel des sogenannten Verdünnungsgesetzes gestattet uns also, wenn für eine Verdünnung (m g Mol. im Liter) der Dissociationsgrad α gefunden ist, die Constante K zu berechnen, und rückwärts dann für jedes beliebige m den zugehörigen α-Werth zu ermitteln.

Die „Constante K" muss sich — so lange das Gesetz gilt — natürlich als constanter Werth aus allen experimentell bestimmten Werthenpaaren m und α ergeben. Wenn sie Schwankungen zeigt, ist das Gesetz eben nicht zutreffend. Die Constante K giebt ein Maass für die Stärke der Dissociation eines Elektrolyten. Oder richtiger nicht K selbst, sondern wenn α gegen 1

---

[92]) Guldberg u. Waage, Études sur les affinités chimiques. Christiania 1867. Journ. pr. Chem. (2) **19**, 69, 1879.
[93]) Ostwald, Zeitschr. phys. Chem. **2**, 270. **3**, 170.
[94]) van 't Hoff, ebd. **2**, 277.
[95]) Planck, Wied. Ann. **34**, 147.

klein ist und $1 — \alpha = 1$ gesetzt werden kann, wird die $\sqrt{K}$ zum Maassstabe der Dissociation. So ist z. B. für einige Säuren:

CCl_3COOH	$100 . \sqrt{K} = 110$
CH_3COOH	$= 0{,}425$
SH_2	$= 0{,}024$
C_6H_5OH	$= 0{,}0014$

Eine experimentelle Prüfung des Verdünnungsgesetzes unternahmen van 't Hoff und Reicher[96]). Für die Essigsäure fanden sie bei $14{,}1^0$ die Constante $K = 0{,}0000178$. Die damit berechneten α stimmten sehr gut mit den aus der Leitfähigkeit direct ermittelten überein. In der ersten Spalte der folgenden Tabelle wird die Anzahl v der Liter gegeben, in denen 1 g Mol. Essigsäure gelöst war, also $v = \dfrac{1}{m}$.

v	α Beob.	α Ber.
0,994	0,402	0,42
2,02	0,614	0,60
15,9	1,66	1,67
1500	14,7	15,0
3010	20,5	20,2
7480	30,1	30,5
15000	40,8	40,1

Ebenso hat das Verdünnungsgesetz sich als zutreffend erwiesen bei allen schwachen Elektrolyten und bei starken Elektrolyten in grosser Verdünnung.

Gehen wir bei starken Elektrolyten aber zu höheren Concentrationen über, so versagt das Gesetz vollständig, wie die folgende Tabelle zeigt. Aus den m- und α-Werthen ist die Constante K nach der Ostwald'schen Formel berechnet und ihre Veränderlichkeit um das 400-fache des Werthes lässt die Ungültigkeit des Verdünnungsgesetzes ausser Zweifel.

m	α	K Ostwald	K van 't Hoff
0,0001	0,987	0,0075	0,754
0,001	0,972	0,0337	0,860
0,01	0,934	0,1322	1,367
0,1	0,853	0,6230	1,694
1,0	0,748	2,2200	2,567

---

[96]) van 't Hoff u. Reicher, Zeitschr. phys. Chem. **2**, 779.

Man hat, um praktischen Bedürfnissen Rechnung zu tragen, vielfach versucht, rein empirisch brauchbare Formeln für das Verdünnungsgesetz ausfindig zu machen. So setzt anstatt der Ostwald'schen Formel, die wir folgendermaassen schreiben können, wenn c die Concentration der Ionen, c_0 die der nichtdissoc. Molecüle bedeutet

$$K^2 = \frac{\alpha^4 m^4}{(1-\alpha)^2 m^2} = \frac{c^4}{c_0^2}$$

Rudolphi[97])

$$K^2 = \frac{\alpha^4 m^4}{(1-\alpha)^2 m^3} = \frac{c^4}{c_0^2 m}$$

van 't Hoff[98]) setzt

$$K^2 = \frac{\alpha^3 m^3}{(1-\alpha)^2 m^2} = \frac{c^3}{c_0^2}$$

und Kohlrausch[99]) macht darauf aufmerksam, dass dieser Beziehung zufolge $\frac{c}{c_0}$ proportional ist dem mittleren Abstand der nichtdissociirten Molecüle in der Lösung. Kohlrausch[100]) hatte früher eine Interpolationsformel für das Leitvermögen gegeben:

$$\mu = \mu_\infty - \frac{K}{\sqrt[3]{v}}$$

aus der:

$$1 - \alpha = K \sqrt[3]{m}$$

abgeleitet wird. Barmwater[101]) verbesserte diese Formel in:

$$1 - \alpha = K \sqrt[3]{m} \sqrt[3]{\alpha}$$

und Kohlrausch[102]) selbst setzte später

$$1 - \alpha = K \sqrt{m} \cdot \alpha^p,$$

wo p ein von Salz zu Salz wechselnder Exponent ist (1,5—3,0). Ausser diesen Formeln sind noch eine Reihe anderer aufgestellt[103]), die gebrochene Exponenten und mehrere Constanten enthalten.

---

[97]) Rudolphi, Zeitschr. phys. Chem. **17**, 385.
[98]) van 't Hoff, Zeitschr. phys. Chem. **18**, 300.
[99]) Kohlrausch, ebd. **18**, 662.
[100]) Kohlrausch, Wied. Ann. **26**, 161.
[101]) Barmwater, Zeitschr. phys. Chem. **28**, 115.
[102]) Kohlrausch, Sitzber. Berl. Akad. **44**, 1002.
[103]) So z. B. Storch, Zeitschr. phys. Chem. **19**, 13. Jahn, ebd. **37**, 490. Bancroft, ebd. **31**, 188.

Der Anschluss an die beobachteten α-Werthe ist überall ein besserer als bei der Ostwald'schen Formel, nur fehlte stets jede theoretische Grundlage, die den Formeln einen physikalischen Sinn zuertheilt hätte. Die van 't Hoff'sche Gleichung

$$K = \frac{\alpha \sqrt{\alpha} \sqrt{m}}{(1-\alpha)}$$

ist in der vorigen Tabelle derselben Probe wie die Ostwald'sche Formel unterworfen und wenn K auch nicht absolut constant ist, so schwankt der Werth doch ganz erheblich weniger als im anderen Falle.

Die Frage ist nun sehr wichtig, woher kommt diese Ungültigkeit des Verdünnungsgesetzes für die starken Elektrolyte? Das Massenwirkungsgesetz hat sich noch stets gut bewährt, die Unzuverlässigkeit muss also den anderen Voraussetzungen d. h. der Dissociationshypothese zur Last gelegt werden.

Dieser Vorwurf würde derselben auch mit Recht zu machen sein, wenn sich nicht eine genügende Erklärung in Thatsachen bieten würde, die wir bisher noch nicht berücksichtigt haben. Wir haben bis jetzt immer nur von dem Grade der Dissociation in wässrigen Lösungen gesprochen und haben die anderen Lösungsmittel ausser Betracht gelassen. Die Dissociationserscheinungen der Salze treten indessen nicht nur im Wasser auf, sondern auch in anderen Lösungsmitteln, wenn auch gewöhnlich in weit geringerem Maasse. Folgende Tabelle von Jones[104]) giebt eine vergleichende Übersicht der 100 α-Werthe für 0,1 normale Lösungen (in höherer Temperatur).

	Wasser	Methyl-Alkohol	Äthyl-Alkohol
KJ	88	52	25
NaJ	84	60	33
NaBr	86	60	24
CH$_3$COOK . . .	83	36	16

Die Dissociation beträgt also im Methylalkohol etwa $^2/_3$, im Äthylalkohol etwa $^1/_3$ der im Wasser beobachteten.

---

[104]) Jones, Zeitschr. phys. Chem. **31**, 114.

Von J. J. Thomson[105]) und von Nernst[106]) ist auf die Thatsache aufmerksam gemacht worden, dass die dissociirende Kraft eines Lösungsmittels etwa proportional ist seiner Dielectricitätsconstante. Die folgende Tabelle einer Anzahl Dielectricitätsconstanten belehrt uns also über die Reihenfolge der dissociirenden Kräfte einiger Lösungsmittel:

Wasser	80	Anilin	7,3
Ameisensäure	62	Chloroform	5,0
Methylalkohol	32	Äther	4,4
Äthylalkohol	26	Benzol	2,3

Nur die Ameisensäure kommt dem Wasser an Dissociationsvermögen nahe, und in Übereinstimmung hiermit stehen die hohen Dissociationsgrade, die an darin aufgelösten Salzen gefunden wurden[107]). Der flüssige Cyanwasserstoff, dessen Dielectricitätsconstante $= 90$ angegeben[108]) wird, soll Wasser sogar nach Angaben von Centnerszwer[109]) noch übertreffen in der Fähigkeit, die Salze in ihre Ionen zu spalten. In Lösungsmitteln von kleiner D.E.-Constante wie Benzol, Äther u. s. w. sind die Salze fast gar nicht dissociirt und diese Lösungen besitzen daher nur ganz minimale elektrische Leitvermögen.

Wir können uns von dieser eigenartigen Beziehung bis zu einem gewissen Grade Rechenschaft geben, wenn wir berücksichtigen, dass nach der Helmholtz'schen Theorie der Dielektrica die D.E.-Constante proportional ist der Anzahl der in der Flüssigkeit vorhandenen freien Ionen. Die letzteren bedingen auch das Leitvermögen für die Elektricität und letzteres wird daher zu der D.E. in gewisser Beziehung stehen. Die Thomson-Nernst'sche Regel würde dann in der Form auszusprechen sein[110]), dass ein Lösungsmittel die Salze um so stärker dissociirt, je

---

[105]) J. J. Thomson, Phil. Mag. **36**, 320.
[106]) Nernst, Zeitschr. phys. Chem. **13**, 531.
[107]) Zanninorich-Tessarin, ebd. **21**, 35.
[108]) Schlundt, Journ. phys. Chem. **5**, 165.
[109]) Centnerszwer, Zeitschr. phys. Chem. **39**, 217.
[110]) Vgl. auch Walden, Zeitschr. anorg. Chem. **25**, 225.

stärker es selbst in Ionen zerfallen ist[111]). Der eigentliche Grund der Dissociation dürfte also wohl in einem kinetischen Umsetzungsgleichgewicht zwischen den Ionen des Wassers z. B. und den Salzmolecülen zu suchen sein.

Wenn wir nun demnach die Dissociationsconstante K des Salzes der Anzahl der Wasserionen proportional setzen müssen, so wird auch umgekehrt die Dissociation des Wassers durch die Anwesenheit der Salzionen vergrössert werden[112]). Haben wir also das Verdünnungsgesetz für das Salz in der Form:

$$K = \frac{m\alpha^2}{1-\alpha}$$

und entsprechend für das Wasser:

$$L = \frac{n\beta^2}{1-\beta}$$

oder da $1-\beta = 1$ zu setzen ist, indem β verschwindend klein bleibt, so ist $L = n\beta^2$, und es werden die Beziehungen gelten müssen:

$$K = K_0 \cdot \beta n \qquad L = L_0 \alpha m$$

folglich:

$$K = K_0 \cdot \sqrt{Ln} = K_0 \sqrt{n} \sqrt{L_0} \sqrt{\alpha m}$$

und

$$K_0 \sqrt{n} \sqrt{L_0} = \frac{\alpha^2 m}{1-\alpha \sqrt{\alpha} \sqrt{m}} = \frac{\alpha \sqrt{\alpha} \sqrt{m}}{1-\alpha}$$

Die Concentration n des Wassers bleibt bei nicht allzu grosser Concentration der Salzlösungen sehr nahezu constant und daher können wir $K_0 \sqrt{n} \sqrt{L_0}$ in eine Constante K_1 zusammenziehen. Die Formel

$$K_1 = \frac{\alpha \sqrt{\alpha} \sqrt{m}}{1-\alpha}$$

ist aber nichts anderes als das von van 't Hoff empirisch aufgestellte und mit den Thatsachen einigermaassen im Einklang stehende Verdünnungsgesetz, dem

---

[111]) Die Dissociation des Wassers nimmt mit steigender Temperatur zu. Dass die Dissociation der Salze nicht entsprechend wächst, könnte auf den überwiegenden Einfluss ihrer positiven Dissociationswärme zurückgeführt werden.

[112]) Vgl. auch Noyes, Zeitschr. phys. Chem. **9**, 603.

durch unsere Betrachtung die bisher fehlende theoretische Deutung gegeben wird.

Es soll nicht unerwähnt bleiben, dass Arrhenius[113] ebenfalls darauf hinweist, dass die Gegenwart eines Salzes die Dissociationskraft des Wassers erhöht und zwar wie er experimentell fand, proportional der Quadratwurzel aus der Salzconcentration. Die Ostwald'sche Formel

$$\frac{c^2}{c_0} = K$$

wird dann

$$\frac{c}{c_0} = K\sqrt{c},$$

d. h. sie geht in die von van 't Hoff über.

Für starke Elektrolyte, wo viele Ionen gebildet werden, kann also das Ostwald'sche Verdünnungsgesetz nicht genügen, weil es nicht der Veränderung der dissociirenden Kraft des Wassers durch die Anwesenheit des Salzes Rechnung trägt. Wenn wir diese berücksichtigen, so gelangen wir auf Grund der Anschauungen der Dissociationstheorie zu einer einigermaassen brauchbaren Formel. Dass dieselbe den Anforderungen noch nicht vollständig genügt, sondern bei höheren Concentrationen immer noch kleinere α-Werthe ergiebt, als sich aus den Leitfähigkeiten berechnen, mag vielleicht seinen Grund zum Theil darin haben, dass die Leitfähigkeit der concentrirten Lösungen besser ist, als nach Maassgabe der Dissociation normaler Weise zu erwarten wäre, indem die stattfindende Zusammenpressung des Wassers bei der Auflösung der Salze (die Elektrostriction, die später noch zu besprechen sein wird) ebenso wirkt wie ein äusserer Druck, d. h. die Fluidität des Wassers (Röntgen)[114] und die Leitfähigkeit (Fanjung[115], Bogojawlensky[116], Tammann)[117] erhöht.

---

[113] Arrhenius, Zeitschr. phys. Chem. **31**, 197.
[114] Röntgen, Wied. Ann. **22**, 510.
[115] Fanjung, Zeitschr. phys. Chem. **14**, 673.
[116] Bogojawlensky, ebd. **27**, 457.
[117] Tammann, Wied. Ann. **69**, 767.

Von Dutoit, Aston und Friedrich[118]) sowie von Brühl[119]) wurde ein Zusammenhang vermuthet zwischen der dissociirenden Kraft der Lösungsmittel und ihrer Neigung, Doppelmolecüle zu bilden. Im Allgemeinen ist ja eine Zusammengehörigkeit beider Eigenschaften zu constatiren, indessen sind auch mehrere offenkundige Ausnahmen von dieser Regel bekannt (Kahlenberg und Lincoln[120]), Euler)[121]). Es scheint als ob ein causaler Zusammenhang nicht besteht, sondern beide Eigenschaften nur zufällig zusammenzutreffen pflegen.

Die Frage nach dem eigentlichen Grunde der elektrolytischen Dissociation, der Wirkungsweise der Lösungsmittel und der endgültigen Formel des Verdünnungsgesetzes steht heute im Mittelpunkte des Interesses, ohne dass ihre Lösung schon abzusehen wäre[122]).

---

[118]) Dutoit u. Aston, Compt. Rend. **125**, 240. Dutoit u. Friedrich, Bull. Soc. Chim. (3) **19**, 321.
[119]) Brühl, Berl. Ber. **28**, 2866. Zeitschr. phys. Chem. **27**, 319. **30**, 1.
[120]) Kahlenberg u. Lincoln, Journ. phys. Chem. **3**, 12.
[121]) Euler, Zeitschr. phys. Chem. **29**, 603.
[122]) Vgl. besd. d. Arbeiten von Euler, Zeitschr. phys. Chem. **28**, 619. **29**, 603. **32**, 348.

IV. Einwände gegen die Dissociationstheorie.

Die Beobachtung, dass der Gefrierpunkt des Wassers durch Salze in anderer Weise erniedrigt wird, als durch Rohrzucker, versuchten die Gegner der „allem chemischen Gefühl widersprechenden" Dissociationstheorie zunächst als Versuchsfehler hinzustellen (J. Traube)[123]. Eykman[124]) und Arrhenius[125]) wiesen aber nach, dass die Unzuverlässigkeit der Messungen auf der anderen Seite zu suchen war, und auch den anfangs geleugneten Parallelismus der Gefrierpunktsanomalien mit den Leitfähigkeitserscheinungen[126]) mussten die Gegner schliesslich zugeben.

Trotzdem wurde die Theorie der elektrolytischen Dissociation aber nach wie vor auf das Heftigste angegriffen, mit sachlichen Einwänden besonders von J. Traube[127]), mit „Gefühlsgründen" von vielen, die nicht einmal die Mühe genommen hatten, die Arbeiten von Arrhenius, van 't Hoff und Planck zu lesen.

Wenn die Gegner die Dissociationstheorie nicht anerkennen wollten, so mussten zur Erklärung der sie begründenden Erscheinungen andere Hypothesen aufgestellt werden, deren hauptsächlichste hier erwähnt werden sollen.

Dass die Salze in wässriger Lösung mitunter in der Form von Hydraten existiren, ist — freilich erst in neuerer Zeit durch physikalische Untersuchungen — z. B. von Backhuis Roozeboom[128]) — nachgewiesen. Die Hypothese, hierdurch die

---

[123]) Traube, Ber. **24**, 1321.
[124]) Eykman, Ber. **24**, 1783.
[125]) Arrhenius, Ber. **24**, 2255.
[126]) Traube, Ber. **24**, 1853, 1859.
[127]) Traube, Ber. **23**, 3519. Dagegen Arrhenius, Ber. **24**, 224.
[128]) Roozeboom, Zeitschr. phys. Chem. **10**, 477 (1892).

Gefrierpunktsanomalien zu erklären, ist aber schon von Rüdorff[129]) gemacht worden, und wenn auch seine Rechnungen sich bei der Nachprüfung durch de Coppet[130]) und Raoult[131]) als nicht ganz zutreffend erwiesen hatten, wurde sein Grundgedanke doch von Traube und Anderen wieder aufgenommen. Die Hydrattheorie nimmt an, dass jedes Molecül vom Rohrzucker und ebenso von allen Substanzen mit normaler Gefrierpunktsdepression je ein Molecül Wasser anlagert, von den Salzmolecülen aber der eine Theil nur ein, der andere zwei Molecüle. Die letzteren würden also die doppelte Anzahl von Wassermolecülen herausnehmen und so unseren dissociirten Molecülen entsprechend die doppelte Verminderung des Dampfdruckes verursachen. Zwischen den monohydratischen und den bihydratischen Molecülen würde ein gewisses Gleichgewicht bestehen, das sich mit zunehmender relativer Wassermenge zu Gunsten des Bihydrates verschieben würde. Das Bihydrat müsste die Elektricität leiten, das Monohydrat nicht, obgleich seine Molecüle kleiner und daher leichter beweglich sein sollten. Traube erklärt dies durch die Anziehungskraft des noch ungesättigten Monohydrates auf die Nachbarmolecüle.

Dieser Anschauungsweise sind aber — unter anderen — folgende schwerwiegende Bedenken entgegenzuhalten[132]). Erstens würde es eine stöchiometrische Beziehung von verblüffender Allgemeinheit sein, dass alle Nichtelektrolyten je ein Molecül Wasser anlagern, alle einwerthigen Salze in verdünnter Lösung zwei, alle zweiwerthigen Salze drei respective vier. Und dann: Wie steht es in den Fällen, wo Hydrate mit $6-12\,H_2O$ in der Lösung nachgewiesen sind? (Eisenchlorid, Roozeboom.) Dann ferner hat sich in allen bisher untersuchten Fällen der Überschuss der Wassermolecüle als gross genug erwiesen, um das Salz seiner jeweiligen Hydratirungstendenz entsprechend vollständig abzusättigen, so dass zwei Hydrate

---

[129]) Rüdorff, Pogg. Ann. **114**, 63. **116**, 55. **145**, 599 (1862—71).
[130]) de Coppet, Ann. chim. phys. (4) **23**, 366. **25**, 502. **26**, 98.
[131]) Raoult, ebd. (6) **8**, 291.
[132]) Jahn, Ber. **30**, 2982.

neben einander im Gleichgewichtszustande nie beobachtet worden sind.

Zudem beruht die ganze Berechnung auf einem **logischen Fehler**. Ein Liter Wasser besteht aus 55,5 — sagen wir rund 56 — g Mol. H_2O. Wird ein g Mol. einer Substanz gelöst, so sind von 57 in die Oberfläche gelangenden Molecülen nur 56 Wassermoleküle, der Dampfdruck wird also vermindert um $1/57$ des Betrages — wie wir schon früher sahen (S. 25). Wenn die gelöste Substanz 1 g Mol. H_2O addirt, so haben wir noch 56 Mol., von denen 55 H_2O-Mol. Die Dampfdruckverminderung beträgt also $1/56$. Werden zwei Mol. H_2O addirt, wird die Depression ebenso $1/55$. **Dies ist aber nicht der doppelte Betrag von $1/56$.** Sollte letzterer Werth erreicht werden, so müssten **28 g Mol. H_2O angelagert werden, und zwar, da nicht nur 1 g Mol., sondern auch $1/1000$ g Mol. die doppelte Depression zeigt, müssten die 28 g Mol. H_2O stets gebunden werden von jeder, auch der geringsten aufgelösten Menge KCl, ja im Grenzfalle sogar von einem einzigen individuellen KCl-Molecülchen**, das dann das respectable Volumen von 500 ccm erhielte und wohl mit blossem Auge sichtbar sein müsste.

Der Clausius'sche Einwand, dass der elektrische Strom erwiesenermaassen keine Arbeit zum Zerreissen der Molecüle leistet, würde ebenfalls zu erheben sein und Traube hat, diesem Einwurfe weichend, auch schon zugegeben[133]), **dass die Bihydrate nur „labil" sein können, das heisst aus ganz lose verbundenen Ionen bestehen müssen.** Die Überführungserscheinungen und die Thatsache der sich zwischen verschieden concentrirten Lösungen ausbildenden elektrischen Spannungen (vgl. später) bleiben aber für die Traube'sche Hydrattheorie unüberwindliche Schwierigkeiten.

Eine etwas abweichende Hydrattheorie vertritt Pickering[134]). Nach seiner Ansicht soll das NaCl dadurch den Depressionswerth zweier Molecüle erhalten, dass es sich umsetzt

---

[133]) Traube, Wied. Ann. **62**, 490. Ber. **31**, 154.
[134]) Pickering, Ref. Zeitschr. phys. Chem. **7**, 378.

$NaCl + H_2O = NaOH + HCl$. Wie wäre dann aber zu erklären, dass $NaOH + HCl$ sich erst unter Wärmeentwicklung und Volumenvermehrung neutralisiren?

Neben diesen Hydrattheorien hat die Associationstheorie eine gewisse Rolle gespielt. Holland Crompton[135]) und Armstrong[136]) nehmen derselben zufolge an, dass Rohrzucker und die Salze sämmtlich als Doppelmolecüle im Wasser gelöst, die Salzmolecüle aber im Gegensatz zu denen der Nichtelektrolyte theilweise in Einzelmolecüle zerfallen sind, welche letztere die Elektricität zu leiten vermögen. Diese Hypothese scheitert aber vor Allem daran, dass die normale Depression des Gefrierpunktes thermodynamisch berechnet werden kann, und dass dieser normale Werth dem Rohrzucker entspricht, statt seines von der Associationshypothese geforderten halben Betrages.

Der Vollständigkeit halber sei noch erwähnt, dass E. Wiedemann[137]) die Anomalie der Salze durch die eigenartige Constitution des Wassers, das bekanntlich aus einfachen Molecülen und Doppelmolecülen (sog. Eismolecülen) besteht, erklären wollte. Die Salze sollten dissociirend auf die letzteren wirken und dadurch die typischen Erscheinungen hervorrufen. Planck[138]) und Ostwald[139]) gelang es aber leicht, die Unhaltbarkeit auch dieser Hypothese zu erweisen, da hier die Moleculardepression den doppelten Betrag des beobachteten Werthes haben müsste.

Die von der Dissociationstheorie auf den Ionen angenommene elektrische Ladung hat viel zu Einwendungen Anlass gegeben. Wird ein g Mol. KCl im Liter Wasser gelöst, und ist dies zu 75 Proc. dissociirt, so betragen die elektrischen Ladungen der Ionen $96540 \cdot 0{,}75$ Coulomb. Da wir die Spannung der Elektricität auf den Ionen nach einer Berechnung von Lodge[140]) zu

---

[135]) Holland Crompton, Chem. Soc. Journ. **71**, 925. Proc. Chem. Soc. **184**, 225. Ber. **30**, 3720.
[136]) Armstrong, Chem. Soc. Journ. **53**, 116.
[137]) Wiedemann, Zeitschr. phys. Chem. **2**, 241.
[138]) Planck, Wied. Ann. **34**, 139. Zeitschr. phys. Chem. **2**, 343.
[139]) Ostwald, Zeitschr. phys. Chem. **2**, 243.
[140]) Lodge, Rep. Brit. Ass. 1885, 22.

2—10 Volt, im Mittel also zu 6 Volt annehmen können, würde die aufgespeicherte elektrische Energie den Betrag von etwa 45000 mkg repräsentiren. Dass eine solche colossale Energiemenge keine Wirkungen nach aussen hin ausübt, erscheint auf den ersten Anblick hin unbegreiflich, es wird aber verständlich, wenn man bedenkt, dass die entgegengesetzten Ladungen der Ionen sich gerade in ihren Wirkungen nach aussen compensiren.

Wenn die Ionen frei beweglich und zu gleichen Theilen elektrisch entgegengesetzt geladen sind, so müsste es möglich sein, eine räumliche Trennung derselben durch elektrostatische Einflüsse von aussen zu bewirken. Dieser Versuch ist denn auch thatsächlich von Ostwald und Nernst mit Erfolg angestellt worden[141]).

Da die Ionen im Wasser mit verschieden grossen Reibungswiderständen wandern, die $\overset{+}{\underset{-}{H}}$-Ionen z. B. 5 mal so schnell wie die Cl-Ionen, so muss bei der Einwanderung von Salzsäure in übergeschichtetes reines Wasser eine Trennung in dem Sinne erfolgen, dass die Wasserstoffionen voraneilen, ein Überschuss von Chlorionen in der Salzsäure zurückbleibt. Hierdurch muss das elektrostatische Gleichgewicht gestört werden, d. h. es muss sich eine elektrische Spannungsdifferenz ausbilden. Das Auftreten solcher Potentialunterschiede in Concentrationsketten ist schon lange bekannt[142]), auch hatte Helmholtz[143]) deren Grösse schon aus rein thermodynamischen Gesichtspunkten zu berechnen gelehrt. Nernst[144]) wendete die Dissociationstheorie auf den vorliegenden Fall an und stellte eine Formel auf, welche als eine der wichtigsten Grundlagen der heutigen Elektrochemie bezeichnet werden muss. Hiernach ist die Potentialdifferenz (bei 18^0)

---

[141]) Ostwald u. Nernst, Zeitschr. phys. Chem. **3**, 120.
[142]) Nobili, Ann. chim. phys. **38**, 239, 1828. Du Bois-Reymond, Reichert's Archiv 1867, 453. Worm Müller, Pogg. Ann. **140**, 114.
[143]) Helmholtz, Wied. Ann. **3**, 201.
[144]) Nernst, Zeitschr. phys. Chem. **2**, 613. **4**, 124. Wied. Ann. **45**, 360; s. auch Planck, ebd. **39**, 161. **40**, 561.

$$P_1 - P_2 = \frac{u-v}{u+v} \, 0{,}0577 \log \frac{c_1}{c_2} \text{ Volt,}$$

wo u und v die Wanderungsgeschwindigkeiten des Kation und des Anion, c_1 und c_2 die Concentration der beiden Lösungen desselben Elektrolyten sind. Die berechneten Spannungsunterschiede stimmen mit den beobachteten vorzüglich überein, wie folgende Zahlen beweisen:

	c_1	c_2	$P_1 - P_2$ Ber.	Beob.
HCl	0,105	0,0180	0,0717	0,0710
KCl	0,125	0,0125	0,0542	0,0532
NaOH	0,235	0,030	0,0183	0,0178

Eine weitere Anwendung derselben Gesichtspunkte kann man in der Weise machen, dass man die Vertheilung der Ionen eines Metalls zwischen der Metallelektrode und der Lösung eines Metallsalzes in Rücksicht zieht. Je grösser der Unterschied beider Concentrationen ausfällt, desto grösser wird die elektromotorische Kraft sein, für welche Nernst die Formel giebt:

$$\varepsilon = \frac{0{,}0577}{n} \log \frac{c}{C},$$

wo n die Werthigkeit des Metallions, c die Concentration der Ionen in der Lösung und C im festen Metall — also eine für das betr. Metall constante Grösse — bedeutet. Die Ausbildung der Potentialdifferenz hat man sich in der Weise zu denken, dass beim Nickel z. B. eine geringe Menge Metall als positiv geladene Nickelionen in Lösung geht, während die Elektrode mit der entsprechenden negativen Ladung behaftet zurückbleibt. Ist die Menge der Nickelionen in der Lösung aber so gross, dass die „Lösungstension C" des Metalls nicht mehr überwiegt, so schlagen sich im Gegentheil Ni-Ionen auf der Elektrode nieder und diese wird positiv geladen. Je nach dem Werthe der Lösungstension C wird also die Metallelektrode negativ oder positiv gegen eine normale Lösung ihrer Ionen sein. Die folgende Tabelle enthält einige von Wilsmore[145]) gemessene Potentiale (mit dem Ladungsvorzeichen der Metalle):

---

[145]) Wilsmore, Zeitschr. phys. Chem. **36**, 91.

K (− 2,92)	Mn − 0,798	Pb + 0,129
Na (− 2,54)	Zn − 0,493	Cu + 0,606
Ca (− 2,28)	Fe − 0,063	Hg + 1,027
Al − 0,999	Ni + 0,049	Ag + 1,048

Wird durch Compression die Metallconcentration in der Elektrode vermehrt, so wird dieselbe negativer gegen die Lösung (Barus), wird die Concentration der Ionen in der Lösung vergrössert, so wird die Elektrode positiver.

Für eine Silberelektrode in normaler Lösung der Silberionen ist:

$$\epsilon_1 = 0{,}0577 \log \frac{1}{C} = 1{,}048 \text{ Volt}.$$

Wenn die Lösung nur 0,1 normal ist, so wird

$$\epsilon_{0,1} = 0{,}0577 \log \frac{0{,}1}{C}$$
$$= 0{,}0577 \log 0{,}1 + 0{,}0577 \log \frac{1}{C}$$
$$= -0{,}0577 + 1{,}048 = 0{,}9903 \text{ Volt},$$

ebenso für eine 0,01 normale Lösung

$$= 0{,}9326 \text{ Volt}.$$

Tauchen wir demnach zwei Silberelektroden in 0,1 und 0,01 normale Lösungen von $AgNO_3$ und setzen wir letztere durch einen Heber in Verbindung, so wird ein galvanischer Strom in Folge des verschiedenen Potentials der Elektroden gegen die Flüssigkeiten entstehen. Zu berücksichtigen ist noch die an der Grenze beider Silbernitratlösungen auftretende Potentialdifferenz, die wir nach der obigen Formel berechnen können:

$$\pi = \frac{u - v}{u + v} \, 0{,}0577 \log \frac{c_1}{c_2}$$
$$= \frac{51{,}9 - 56{,}8}{51{,}9 + 56{,}8} \, 0{,}0577 \log \frac{0{,}01}{0{,}1} = 0{,}0026 \text{ Volt}.$$

Die gesammte elektromotorische Kraft der Kette beträgt dann

$$0{,}9903 + 0{,}0026 - 0{,}9326 = 0{,}0603 \text{ Volt}.$$

Experimentell gefunden wurde von Nernst 0,055 Volt. Die Abweichung erklärt sich daraus, dass wir mit normalen $AgNO_3$-Lösungen anstatt mit Lösungen gerechnet haben, die bezüglich der $\overset{+}{Ag}$-Ionen normal sind.

Combiniren wir in ähnlicher Weise eine Zinkelektrode in norm. $ZnSO_4$ gegen eine Kupferelektrode in norm. $CuSO_4$, so wird — abgesehen von der Potentialdifferenz an der Grenze der Lösungen — die elektromotorische Kraft der Kette:

$$-0{,}493 - (+0{,}606) = -1{,}099 \text{ Volt.}$$

Der Strom fliesst so, dass Zink sich auflöst, Kupfer sich niederschlägt. Wenn wir aber die Kupferionen (durch KCy-Zusatz) auf den Normalgehalt von 10^{-40} bringen[146]), so wird die E.K.

$$= -0{,}493 - (0{,}606 - 1{,}154) = +0{,}055 \text{ Volt,}$$

d. h. sie kehrt ihre Richtung um (Hittorf)[147]).

Andererseits können die elektromotorischen Kräfte solcher Concentrationsketten uns die Messung unendlich kleiner Ionenconcentrationen ermöglichen, an deren Bestimmung sonst nicht zu denken wäre[148]). Auch über die Natur der Elektroden aus Metallgemischen (Legirung oder chemische Verbindung) können so interessante Schlüsse gezogen werden[149]), auf die aber hier nicht näher eingegangen werden kann.

Der Einwand, welcher der Dissociationstheorie wohl am häufigsten gemacht zu werden pflegt, ist folgender: Wenn das KCl in wässriger Lösung in K und Cl zerfällt, warum zersetzt das Kalium nicht das Wasser und warum entweicht das Chlor nicht gasförmig? Hierauf ist zu entgegnen, dass ein Cl-Ion eben kein Cl-Atom ist; sondern ein solches mit elektrischer Ladung, deren Entfernung durch die Arbeitsleistung eines galvanischen Stromes es erst zum Cl-Atom macht. Und die elektrische Ladung ändert die Eigenschaften des Atoms in sehr wesentlicher Weise, das Cu-Atom ist roth, das

---

[146]) Ostwald beobachtete zwischen Cu und $CuSO_4$ in KCy-Lösung 1,47 Volt Spannungsdifferenz (Lehrb. II, 1, S. 883). Selbst wenn Kupfer in KCy als einwerthig $\overset{+}{Cu}$ anzusehen ist, wäre die Concentration der Cu-Ionen dann nur 10^{-26} normal.

[147]) Hittorf, Zeitschr. phys. Chem. **10**, 593.

[148]) z. B. Cl. Immerwahr, Zeitschr. anorg. Chem. **24**, 269. Zeitschr. Elektrochem. **7**, 477, 625.

[149]) z. B. Herschkowitsch, Zeitschr. phys. Chem. **27**, 122.

$\overset{++}{Cu}$-Ion blau, das $\overset{++}{Fe}$-Atom grau, das $\overset{++}{Fe}$-Ion grün, das $\overset{+++}{Fe}$-Ion gelb. Das $\overset{--}{MnO_4}$-Ion ist grün in den Manganaten, das $\overset{-}{MnO_4}$-Ion der Permanganate dagegen roth. Ein $\overset{+}{K}$-Ion hat eben nicht die Fähigkeit, das Wasser ebenso zu zersetzen wie ein K-Atom.

Ein anderer mit dem vorigen verwandter Einwand ist die Frage nach dem Ursprung der für Spaltung des Molecüls erforderlichen Energie, also auch der Rückerstattung der Verbindungswärme. Wenn H + Cl sich zu HCl vereinigen, werden 22000 Cal. frei und dieser Energiebetrag (9362 mkg) muss geliefert werden, wenn die Reaction rückgängig gemacht werden soll. Der Wasserstoff und das Chlor sind also im verbundenen Zustand energetisch minderwerthiger als im freien. Die Spaltung in Ionen hat einen weiteren Wärmeverlust zur Folge (etwa 3000 Cal.), so dass die Ionen hier energetisch noch eine Stufe tiefer stehen. Die Spaltung geht vor sich, indem die Ionen sozusagen Energieschulden machen, deren Bezahlung durch Vernichtung der elektrischen Ladung bei der Elektrolyse erst erfolgt. Das $\overset{+}{K}$-Ion besitzt also nicht mehr die Energie, das Wasser zu zersetzen.

Die Wärmetönung bei der Dissociation kann auf verschiedenen Wegen berechnet werden. Im Allgemeinen ist dieselbe positiv, d. h. es wird Wärme in Freiheit gesetzt, doch kommen auch negative Dissociationswärmen vor. So sind dieselben nach Arrhenius[150]) für

Essigsäure	— 28 Cal.
Propionsäure	183 -
Buttersäure	427 -
Fluorwasserstoff	3200 -

Die negative Wärmetönung besagt also, dass die Ionen in manchen Fällen energetisch wieder steigen, wenn sie aus den „verbundenen" Atomen des Molecüls gebildet werden. Jedenfalls aber bleiben sie an Energiegehalt hinter den freien Atomen stets bedeutend zurück[151]).

---

[150]) Zeitschr. phys. Chem. **4**, 96.

[151]) Wenn z. B. Wasserstoff, also H_2 in wässriger Lösung in Ionen übergeht, beträgt die Wärmetönung nach Ostwald (Lehrbuch II, 1, S. 954)

Um in den Ionenzustand überzugehen, muss ein freies Atom sich demnach eines gewissen Energiebetrages entledigen. Je mehr Energie das Atom beim Eintritt in eine chemische Verbindung verliert, desto näher wird es dem Ionenzustande gebracht und desto leichter wird ihm sozusagen der zweite Energieabfall gemacht. Hiernach ist es verständlich, dass gerade die chemisch „am festesten gebundenen" Molecüle, d. h. die mit grösster Wärmetönung entstehenden am leichtesten elektrolytisch dissociirt werden. Das KCl ist stark dissociirt, das PCl$_3$ fast gar nicht, und es ist im Einklange hiermit:

$$K + Cl = KCl + 105\,600 \text{ Cal.}$$
$$^1/_3\,P + Cl = {}^1/_3\,PCl_3 + 25\,100 \text{ Cal.}$$

Ein Einwand, den schon Berzelius gegen die Gültigkeit des Faraday'schen Gesetzes erhoben hatte und der damals (1843) zu entschuldigen war, heute aber eine bedauerliche Unkenntniss der elementarsten physikalischen Thatsachen verräth, ist folgender[152]. Jedes g-Äquivalent eines Elektrolyten, also 58,5 g NaCl, ebenso wie 74,5 g KCl sollen durch Zuführung der gleichen Elektricitätsmenge von 96540 Coulomb zersetzt werden, obgleich die Verbindungswärmen dieser Stoffe 105 600 Cal. und 97 600 Cal. betragen, also die „Verwandtschaftskräfte" beider Molecüle verschieden sind. Dieser Einwand kommt auf dasselbe hinaus, als wenn man sich wundern wollte, dass derselbe Stein verschiedene Wirkungen hat, je nach der Höhe seines Falles. Die elektrische Menge von 96540 Coulombs muss im

---

$H_2\,aq = 2\,\overset{+}{H} - 2 \cdot 550$ Cal. (also Wärmeaufnahme!). Die Verbindungswärme des H_2-Mol. beträgt nach Wiedemann (Wied. Ann. **10**, 233, 253. **18**, 509) etwa: $2\,H = H_2 + 126\,000$ Cal., also, wenn wir von der jedenfalls geringen Differenz der Lösungswärmen des H_2 und der H-Atome absehen, bleibt: $Haq = \overset{+}{H}\,aq + 62450$. Diese Berechnung setzt allerdings voraus, dass die Änderung der freien Energie hier den Wärmetönungen annähernd gleich gesetzt werden kann.

[152] Dieser Einwand existirt nicht etwa nur in der Phantasie des Verf., sondern ist demselben vor nicht zu langer Zeit von einem sehr anerkannten Chemiker thatsächlich gemacht worden.

Falle des KCl gegen eine Spannung von 4,61 Volt, im anderen Falle gegen 4,23 Volt zugeführt werden[153]). Die elektrische Energiezufuhr ist also einmal $4,61 . 96540$ Voltcoulomb, das andere Mal $4,23 . 96540$ Voltcoulomb oder in Calorien umgerechnet beim KCl 106 500 Cal., beim NaCl 97 750 Cal., d. h. den verschiedenen „Verwandtschaftskräften" nahezu entsprechend.

Dass die Arbeitsleistung des Stromes den Verbindungswärmen nicht genau gleich ist, rührt daher, dass wir Änderungen der freien Energie, dort Änderungen der Gesammtenergie messen, die nicht identisch zu sein brauchen. So liefern einige Reactionen folgende Zahlen[154]):

Umwandlung von $PbCl_2$ in $PbBr_2$:
Wärmetönung + 3560 g Cal.
Änderung der freien Energie + 305 Cal.

Umwandlung von $PbCl_2$ in $PbSO_4$:
Wärmetönung — 2480 Cal.
Änderung der freien Energie + 2418 Cal.

Die galvanischen Elemente liefern aus diesem Grunde ganz andere Energiemengen — bald kleinere, bald auch grössere — als aus den Wärmetönungen des chemischen Umsatzes berechnet wird. Auch technisch-chemische Vorgänge können bei Berücksichtigung der allein für den Verlauf maassgebenden Änderungen der freien d. h. in Arbeit umsetzbaren Energie ein ganz anderes Bild bieten[155]), als bei Berechnung des Verlaufs aus den Wärmetönungen nach dem sogenannten Berthelot'schen Princip der maximalen Wärmeentwicklung.

Wenn ein Ion bereits seine elektrische Ladung trägt, so setzt die elektrostatische Abstossung gleichnamiger Elektricitätsmengen der Beladung mit einem zweiten Quantum einen gewissen Widerstand entgegen. Die Abspaltung des zweiten $\overset{+}{H}$-Ions zweibasischer Säuren erfolgt daher weniger leicht als

---

[153]) Wilsmore, Zeitschr. phys. Chem. **36**, 91.
[154]) Klein, Zeitschr. phys. Chem. **36**, 360.
[155]) Vgl. z. B. Bodländer u. Breull, Zeitschr. angew. Chem. **14**, 381 u. 405.

die des ersten. Die Ladungen scheinen übrigens an den Abspaltungsstellen localisirt zu sein, wenigstens spricht sehr dafür der Umstand, dass die zweite Dissociation bei der Fumarsäure weit leichter erfolgt, als bei der stereo-isomeren Maleinsäure[156]), wo die Spaltungsstellen sich räumlich näher sind.

Mehrwerthige, d. h. mit mehreren Elektricitätsquanten beladene Ionen haben aus dem gleichen Grunde durchweg die Neigung in solche geringerer Werthigkeit überzugehen. Werden in die Lösung eines Ferrosalzes zwei durch Draht verbundene Eisenelektroden eingetaucht und etwas (festes) Eisenchlorid in die Nähe der einen gebracht, so geben die $\overset{+++}{Fe}$-Ionen daselbst je eine Ladung ab und auf der anderen Seite geht Eisen als $\overset{++}{Fe}$-Ion dafür in Lösung[157]). Die grünen Manganate z. B. ($K_2 MnO_4$) gehen leicht in die Permanganate ($KMnO_4$) über, indem das $\overset{=}{MnO_4}$-Ion eine Ladung verliert[158]), wohl indem dieselbe an den zutretenden Luftsauerstoff unter Bildung von $\overset{=}{OH}$-Ionen abgegeben wird.

$$O_2 + 2 H_2O = 2 H_2O_2$$

$$2 \overset{=}{MnO_4} + H_2O_2 = 2 \overset{-}{MnO_4} + 2 \overset{-}{OH}$$

Auf die elektrostatische Wirkung der Ionenladungen wird auch die sogenannte Elektrostriction des Wassers zurückgeführt, d. h. die Volumverminderung beim Auflösen eines Elektrolyten[159]). Die Nichtelektrolyten, wie Rohrzucker, lösen sich im Wasser (nahezu) ohne Contraction, das scheinbare Volumen der Elektrolyte in den Lösungen ist aber stets kleiner als das Volum, welches dieselben im geschmolzenen Zustande einnehmen, und zwar um so mehr, je grösser der Dissociationsgrad ist. Dass der Volumverlust in Wahrheit aber nicht den Salzen, sondern dem Wasser anzurechnen ist, geht daraus hervor, dass er manchmal sogar grösser

---

[156]) Ostwald, Zeitschr. phys. Chem. **9**, 553.
[157]) Küster, Zeitschr. Elektrochem. **3**, 383.
[158]) Ostwald, Zeitschr. phys. Chem. **9**, 553.
[159]) Nernst u. Drude, Zeitschr. phys. Chem. **15**, 79

ist, als das Volum des Salzes überhaupt, so dass Wasser und Salz weniger Raum einnehmen, als das Wasser allein. Die folgende Tabelle giebt die scheinbaren Molecularvolumina einiger Stoffe in wässrigen Lösungen und im geschmolzenen Zustande (φ) nach Messungen von Kohlrausch und Hallwachs[160]).

Normal-Gehalt	Rohr-zucker	NaCl	$^1/_2$ ZnSO$_4$	H$_3$PO$_4$
0,00125	208,7	—	— 6,2	—
0,01	209,5	16,2	— 4,6	39,8
0,1	209,8	16,6	— 2,6	44,0
1	211,5	18,0	+ 0,9	46,6
3	215,9	19,8	+ 3,7	47,7
φ	215	27	23	52

Es ergiebt sich hieraus:
1. Das Volum des Rohrzuckers ist nahezu constant,
2. das Volum der Elektrolyten ist in Lösung kleiner als φ, um so mehr, je stärker die Dissociation ist.

Auffallender Weise ist die Grösse der Elektrostriction für die binären Elektrolyte (Typus KCl) durchweg ziemlich die gleiche, sie beträgt nach Fanjung[161]) und Tammann[162]) etwa 10 ccm, wenn 1 g Mol. Salz im Liter Wasser gelöst wird. Diese Volumabnahme lässt auf eine Druckwirkung von 200—300 Atm. schliessen.

Die Volumabnahme erfolgt vielleicht in der Weise, dass die voluminöseren Eismoleküle (Röntgen[163]), s. S. 52) in Einzelmolecüle zerfallen. Dass das Wasser zum Theil aus Polymeren $(H_2O)_4$ oder $(H_2O)_2$ besteht, ist sicher erwiesen (v. d. Waals[164]), Ramsay und Shields[165]), Ramsay und Aston[166]), wie gross

---

[160]) Kohlrausch u. Hallwachs, Wied. Ann. **50**, 119. **53**, 14. **56**, 185. Gött. Nachr. 1893, 350.
[161]) Fanjung, Zeitschr. phys. Chem. **14**, 673.
[162]) Tammann, ebd. **16**, 139.
[163]) Röntgen, Wied. Ann. **45**, 91.
[164]) v. d. Waals, Zeitschr. phys. Chem. **13**, 713.
[165]) Ramsay u. Shields, ebd. **12**, 433. **15**, 106.
[166]) Ramsay u. Aston, ebd. **15**, 98.

der Polymerisationsgrad anzusetzen ist, ist freilich noch nicht bekannt, van Laar[167]) nimmt ihn zu 80 Procent, Witt[168]) zu 50 Procent bei gewöhnlicher Temperatur an. Die Eismolecüle nehmen pro g Mol. 8,44 ccm mehr Raum ein, als die daraus entstehenden Wassermolecüle, die ersteren werden also durch einen äusseren Druck zerspalten. Dies erklärt, dass die innere Reibung des Wassers bei zunehmendem Drucke kleiner wird (Cohen)[169]).

Das Eis hat die Dielektricitätsconstante 2,3 (Abegg[170]), das Wasser die D.E. 80. Wenn der vermuthete Zusammenhang zwischen dieser Constanten und der Ionenzahl besteht, so würde die abnorme Zunahme des Dissociationsgrades mit der Temperatur beim Wasser ihre Erklärung in dem Zerfall der Eismolecüle bei höheren Temperaturen finden.

Vielleicht ist aber die Volumverminderung auch nicht als Folge der elektrostatischen Wirkung der Ionenladungen anzusehen, sondern als Folge einer Wasseranlagerung an die Ionen. Werden dadurch Wassermolecüle gebunden, so wird das Gleichgewicht mit den Eismolecülen gestört und ein Zerfall der letzteren müsste eintreten.

Dass die Ionen Wassermolecüle anlagern, ist aus verschiedenen Gründen wahrscheinlich. Ostwald macht darauf aufmerksam, dass die Farbe der Ionen in den krystallwasserhaltigen Salzen wiederzukehren pflegt. Auch Ciamician[171]), van der Waals[172]) und van Laar[173]) kommen auf Grund anderer theoretischer Gesichtspunkte zum gleichen Resultat. Euler[174]) weist darauf hin, dass die Beweglichkeit diffundirender Molecüle ganz allgemein dem Bunsen'schen Gesetze gehorcht, wonach die Diffusionsconstante der Wurzel aus dem Moleculargewicht umgekehrt

---

[167]) van Laar, ebd. **31**, 1.
[168]) Witt, Öfvers. Förhdlg. Svensk. Akad. 1900, 63.
[169]) Cohen, Wied. Ann. **45**, 666.
[170]) Abegg, ebd. **65**, 231.
[171]) Ciamician, Zeitschr. phys. Chem. **6**, 403.
[172]) van der Waals, ebd. **8**, 215.
[173]) van Laar, ebd. **10**, 242.
[174]) Euler, ebd. **25**, 536. Wied. Ann. **63**, 273.

proportional ist. Dies bestätigen auch für die Halogenmolecüle Versuche von Hüfner[175]) und von ihm selbst. Er giebt folgende Tabelle, welche dies erkennen lässt.

Lösungen		Diff.-Const.	$\sqrt{\text{Mol. Gew.}}$	$D\sqrt{M}$
Cl_2 Br_2 J_2	Wasser	1,22 0,8 (0,5)	8,4 12,6 16	10,2 10,1 (8)
Br_2 J_2	Benzol	1,75 1,41	12,6 16	22,1 22,6
Br_2 J_2	Schwefel- kohlenst.	3,11 2,55	12,6 16	39,2 40,8

Angesichts dieser Thatsache ist es nun überraschend, **dass die Ionen der 3 Halogene im Wasser nahezu mit gleicher Geschwindigkeit wandern.** Die Erklärung, dass durch Anlagerung von Wasser die Unterschiede in den Moleculargewichten und damit in der Diffusionsfähigkeit verwischt werden, liegt nahe (Hüfner, Euler).

Auch eine Bemerkung von Carrara[176]) lässt auf die Hydratisirung schliessen. Im Wasser besitzen die Ionen $\overset{+}{H}$ und $\overset{-}{OH}$ ganz aussergewöhnlich grosse Beweglichkeiten, vermuthlich weil sie allein kein Hydratwasser anlagern. Dieser Unterschied muss im Methylalkohol z. B. verschwinden und thatsächlich geht dies aus den Messungen von Carrara hervor. Hier scheinen auch $\overset{+}{H}$ und $\overset{-}{OH}$ sich mit Alkoholmolecülen zu verbinden, denn wie im Wasser findet eine Elektrostriction statt[177]). Die Wanderungsgeschwindigkeiten betragen:

Ionen	Wasser	Alkohol	Ionen	Wasser	Alkohol
K	70,6	46,1	Cl	70,2	49,5
Na	49,2	37,3	Br	73	50,2
NH_4	70,4	46,8	J	72	52,4
H	325	85,5	OH	170	32

---

[175]) Hüfner, Wied. Ann. **60**, 134.
[176]) Carrara, Gazz. chim. **26**, 1, 119.
[177]) Carrara u. Levi, ebd. **30**, 2, 197.

V. Anwendungen der Dissociationstheorie.

Sehr berechtigt ist die Frage: Inwiefern hat die Dissociationshypothese unsere Kenntnisse über die Natur der Lösungen und die sich darin abspielenden Vorgänge erweitert? Wieso leistet sie mehr als die ältere Anschauung, nach welcher so lange die Molecüle als nicht zerfallen angesehen wurden?

Zunächst ist da hervorzuheben, dass die physikalischen und chemischen Eigenschaften der Molecüle in einer Lösung in ganz neuem Lichte erscheinen, wenn wir sie mit Arrhenius[178]) als Summe der den freien Ionen zukommenden Eigenschaften auffassen. Die Chlorverbindungen $BrCl$, SCl_2, PCl_3, CCl_4, C_6H_5Cl zeigen in ihrem Verhalten recht erhebliche Differenzen, warum ist nicht der gleiche Unterschied zwischen KCl, $BaCl_2$, $FeCl_3$, NH_4Cl vorhanden, die z. B. sämmtlich durch $AgNO_3$ gefällt werden? Eine Erklärung giebt uns die Dissociationstheorie, die auf Grund der elektrischen Leitfähigkeiten bei den Chloriden der ersten Gruppe keine Cl-Ionen annimmt, wohl aber bei den Salzen der zweiten, und die Fällbarkeit durch $AgNO_3$ ist eben eine Eigenschaft nur der Chlorionen, nicht des Chlors im Allgemeinen.

Die blaue Farbe der $CuSO_4$-Lösungen ist eine Eigenschaft der $\overset{++}{Cu}$-Ionen, sie tritt daher überall auf, wo $\overset{++}{Cu}$-Ionen vorhanden sind, so im Nitrat, Acetat u. s. w. Im complexen Salze des $CuCy_2$ mit KCy sind keine (oder nur verschwindend wenige) Kupferionen vorhanden, das Kupfer ist im Anion $\overline{CuCy_4}$ enthalten, wie durch die Überführungserscheinungen von Hittorf erwiesen wurde. Wir

---

[178]) Arrhenius, Zeitschr. phys. Chem. **1**, 631. Ähnliche Gedanken hat übrigens auf Grund der experimentellen Erfahrung schon Gladstone, Phil. Mag. **14**, 418, ausgesprochen.

haben daher auch keine blaue Färbung. Das $CuCl_2$ ist in concentrirter Lösung wenig dissociirt und darum tritt bei ihm die gelbgrüne Farbe des $CuCl_2$-Molecüls hervor. Wenn wir die Lösung verdünnen, nimmt sie in Folge der vergrösserten Dissociation genau die blaue Färbung einer entsprechenden $CuSO_4$-Lösung an. Machen wir die Dissociation hier wieder rückgängig durch Erwärmen oder Zusatz eines beliebigen anderen, viele Chlorionen enthaltenden Elektrolyten (was später seine Erklärung finden wird), so schlägt die Farbe nach gelbgrün hin um. In Lösungsmitteln von geringer dissociirender Kraft sind die Molecüle nicht zerfallen, die Färbung der $CuCl_2$-Lösung ist daher gelb in Urethan, gelbgrün in Aceton, hellgrün in Alkohol (Ley)[179].

Ganz analog verhält sich z. B. $CoCl_2$, dessen Ionen rot, dessen Molecüle blau gefärbt sind. Die verdünnte Lösung ist rosa (wie die des $CoSO_4$), die concentrirte oder erwärmte blau, ebenso die Auflösung in Alkohol. Die Färbung der bekannten Wetterbilder beruht dagegen auf der Bildung oder Zersetzung des rothen Hydrates $CoCl_2 + 6 H_2O$ in das blaue anhydrische Chlorid $CoCl_2$.

Dass in allen verdünnten Lösungen desselben farbigen Ions (z. B. des MnO_4) ganz identisch dieselbe Färbung gefunden wird, gleichviel, welche Ionen daneben noch vorhanden sind, ist von Ostwald[180] durch spectro-photographische Messungen erwiesen. Und dass die neben dem MnO_4 in den Permanganaten enthaltenen Kationen so absolut gar keinen Einfluss auf die Lage der Absorptionsstreifen ausüben, ist im Hinblick auf die sonst so erhebliche Einwirkung der Nebengruppen auf die Chromophorgruppe nur durch vollständige räumliche Unabhängigkeit zu erklären.

Die Absorption kann auch im Ultraviolett liegen, d. h. für unser Auge unmerklich sein. So fand Soret[181] bei sämmtlichen Nitraten eine Absorption zwischen den Linien Cd_{12} bis Cd_{18}, die

---

[179] Ley, Zeitschr. phys. Chem. **22**, 77.
[180] Ostwald, Zeitschr. phys. Chem. **9**, 579; s. auch Ewan, Phil. Mag. (5) **33**, 317.
[181] Soret, Compt. Rend. **86**, 710.

für ihn auffallender, für uns ganz natürlicher Weise bei den Estern der Salpetersäure fehlte, da sie eben den $\overline{NO_3}$-Ionen zugehören und die Ester Nichtleiter sind.

Eine recht interessante Probe auf das Exempel konnte Ostwald[182]) anstellen. Die Lösung des K_2CrO_4 (also das $\overline{CrO_4}$-Ion) sieht gelb aus, die des $K_2Cr_2O_7$ (also das $\overline{Cr_2O_7}$-Ion) aber orangeroth. Nun hat die Lösung der Chromsäure H_2CrO_4 dieselbe Farbe wie das $K_2Cr_2O_7$, nicht, wie eigentlich zu erwarten wäre, wie das $K_2\overline{CrO_4}$. Thatsächlich bilden sich aber in der Lösung Cr_2O_7-Ionen, wie Ostwald durch kryoskopische Messungen nachwies.

Wenn die Dissociation nicht vollständig ist, so kommen neben den Eigenschaften der Ionen auch die der unzersetzten Molecüle zur Geltung und eine völlige Additivität der Eigenschaften, d. h. genaue Vorausberechnung aus den schon bekannten Eigenschaften der Ionen ist nur in verdünnten Lösungen möglich. Hier aber hat sich das Princip der Additivität überall glänzend bewährt, so z. B. für das optische Drehungsvermögen, das Brechungsvermögen, die Dichte, Wärmeausdehnung der Lösungen u. s. w.

Für die chemische Praxis wichtiger als die Additivität der physikalischen ist diejenige der chemischen Eigenschaften. So kann man mit Unfehlbarkeit voraussagen, dass jede Lösung, die $\overline{Cl}$-Ionen enthält, mit $AgNO_3$-, oder richtiger mit $\overset{+}{Ag}$-Ionen eine Fällung von Chlorsilber giebt. Diese Fällung ist aber an die Bedingung der Anwesenheit von Chlorionen gebunden, sie tritt daher nur auf in den Lösungen solcher Chloride, die dissociirt sind, d. h. den galvanischen Strom leiten. In einer alkoholischen Lösung von Isopropylbromid, die noch einige $\overline{Cl}$-Ionen enthält, tritt eine Trübung ein, in der Lösung von Äthylbromid ist diese sehr schwach, in Brombenzollösung gar nicht vorhanden, ganz im Einklange mit der Abstufung des Leitvermögens (Noyes und Blanchard)[183]).

---

[182]) Ostwald, Zeitschr. phys. Chem. **2**, 78.

[183]) Noyes u. Blanchard, Journ. Am. Chem. Soc. **22,** 726. Zeitschr. phys. Chem. **36**, 1.

Dieser schon von Hittorf[184]) energisch betonte Zusammenhang zwischen der Zersetzbarkeit und der galvanischen Leitfähigkeit tritt ganz besonders bei den Säuren und Basen hervor, da deren Dissociationsgrade mehr als die der Salze schwanken. Bei den Säuren ist die Anzahl der Wasserstoffionen der Maassstab für ihre Stärke. Salzsäure leitet in Chloroformlösung fast gar nicht, sie entwickelt deshalb mit Na_2CO_3 oder mit $NaHCO_3$ hier auch keine Kohlensäure. Bei Zusatz von Wasser oder Alkohol tritt aber lebhafte Reaction ein. Diese Erscheinung ist ohne die Dissociationshypothese einfach unerklärlich.

Der Gedanke, die Avidität der Säuren aus dem Leitvermögen zu bestimmen, ist besonders von Ostwald[185]) experimentell ausgeführt worden. Die folgende Tabelle giebt die Aviditäten, d. h. die Mengen der wirksamen $\overset{+}{H}$-Atome, berechnet aus dem Leitvermögen (L), der katalytischen Wirkung auf Methylacetat (M) und auf die Rohrzuckerinversion (R). Der Werth für HCl wurde überall = 100 gesetzt und als Maassstab angenommen:

	L.	M.	R.
HCl	100	100	100
HNO_3	99,6	92	100
H_2SO_4	65,1	73,9	73,2
$(COOH)_2$	19,7	17,6	18,6
$CH_2(COOH)_2$	3,10	2,87	3,08
$C_3H_4(OH)(COOH)_3$	1,66	1,63	1,73
CCl_3COOH	62,3	68,2	75,4
CCl_2HCOOH	25,3	23,0	27,1
$CClH_2COOH$	4,90	4,30	4,84
CH_3COOH	0,424	0,345	0,400

Die Tabelle zeigt keine vollständige Übereinstimmung in den 3 Spalten, was wohl auf Versuchsfehler oder specifische Einflüsse der Anionen zurückzuführen ist. Das Grundgesetz des Parallelismus zwischen Leitfähigkeit und Stärke der Säure tritt aber deutlich hervor, besonders bei der Reihe der Essigsäure und ihrer Chlorderivate.

---

[184]) Hittorf, Pogg. Ann. **106**, 337. Wied. Ann. **4**, 380; später besonders Ostwald, Zeitschr. phys. Chem. **3**, 596.
[185]) Ostwald, Journ. pr. Chem. **30**, 39. **31**, 433. Zeitschr. phys. Chem. **3**, 170 u. 480.

Es soll nicht unerwähnt bleiben, dass nicht die auch als Affinitätsconstanten bezeichneten Dissociationsconstanten K der Säuren, sondern annähernd (wenn α klein ist) ihre Quadratwurzeln für die Stärke der Säure maassgebend sind (vgl. S. 42). Die Unkenntniss dieser Thatsache hat schon einmal grosses Unheil angerichtet[186]).

Ausdrücklich sei noch hervorgehoben, dass wir nur von den Umsetzungen gesprochen haben, die sich zwischen den Ionen abspielen. Nicht von den Anhängern der Dissociationstheorie wird behauptet, sondern von den Gegnern der Theorie wird den ersteren aus mangelhafter Kenntniss der Thatsachen die Behauptung untergeschoben, dass alle Reactionen sich nur zwischen Ionen abspielen könnten. Die meisten Oxydationsvorgänge erfolgen durch Anlagerung der O_2-Molecüle, ebenso ist z. B. die Anlagerung von HCl an ungesättigte organische Säuren keine Ionenreaction u. s. w. Im Allgemeinen kann man Ionenreactionen überall da vermuthen, wo die Vorgänge sich momentan abspielen, die Reactionen der Molecüle verlaufen meist bedeutend langsamer. Natürlich schreiten auch Ionenreactionen dann nur langsam vorwärts, wenn sie von einer primären Bildung der Ionen aus zerfallenden Molecülen abhängig sind.

Wir haben schon gelegentlich die Thatsache erwähnt, dass ein Elektrolyt durch die Gegenwart eines anderen in seinem Dissociationszustande beeinflusst wird. Um diese zuerst von Arrhenius[187]) studirte Erscheinung näher kennen zu lernen, erinnern wir uns an die Gleichung des Massenwirkungsgesetzes in ihrer Anwendung auf den Dissociationsvorgang (siehe S. 41)

$$K_1 c_0 = K_2 c_1 c_2,$$

wo c_0 die Anzahl der nicht zerfallenen Molecüle, c_1 und c_2 die Concentrationen der beiden Ionenarten sind. Wenn ein einziger binärer Elektrolyt (z. B. KCl) zugegen ist, muss natürlich $c_1 = c_2$

---

[186]) Lellmann und Schliemann, Lieb. Ann. **270**, 208. Vgl. dazu Arrhenius, Zeitschr. phys. Chem. **10**, 670.

[187]) Arrhenius, Wied. Ann. **30**, 51. Zeitschr. phys. Chem. **2**, 284. **5**, 1.

sein, d. h. es sind genau ebensoviel $\overset{+}{\text{K}}$-Ionen wie $\overset{-}{\text{Cl}}$-Ionen in der Lösung. Wird zu der Lösung nunmehr NaCl gesetzt, so spaltet dieses auch $\overset{-}{\text{Cl}}$-Ionen ab, sagen wir c_3 neben c_3 $\overset{+}{\text{Na}}$-Ionen. Für die Wiederbildung des KCl aus freien Ionen ist es nun aber ganz gleichgültig, ob mit dem $\overset{+}{\text{K}}$-Ion ein $\overset{-}{\text{Cl}}$-Ion zusammentrifft, das ursprünglich durch KCl oder durch NaCl in die Lösung kam, denn die $\overset{-}{\text{Cl}}$-Ionen sind in jedem Falle genau dieselben. Die zur Bildung von KCl-Molecülen zur Verfügung stehende Menge $\overset{-}{\text{Cl}}$-Ionen wird somit erheblich grösser, diese Reaction ereignet sich also häufiger **und das Gleichgewicht wird zu Ungunsten der Dissociation des KCl verschoben.** Die Dissociationsisotherme nimmt die Gestalt an:

$$K_1 c_0 = K_2 c_1 (c_2 + c_3),$$

wo $c_0\, c_1\, c_2$ jetzt natürlich andere Werthe haben als früher, indem c_0 grösser, c_1 und c_2 kleiner werden, die Constanten ihren Werth aber (sehr nahezu) behalten.

Die Dissociation des zweiten Elektrolyten, hier des NaCl, wird natürlich in entsprechender Weise durch die Gegenwart des KCl ebenfalls herabgesetzt. **Aus unserer Darlegung ist es sofort verständlich, dass KCl in seinem Dissociationszustande beeinflusst wird 1. durch alle Elektrolyte, die $\overset{-}{\text{Cl}}$-Ionen enthalten (HCl, NaCl, $CuCl_2$), 2. durch alle Kalisalze (KNO_3, K_2SO_4, KOH), die $\overset{+}{\text{K}}$-Ionen abspalten. Die Gegenwart anderer Salze aber z. B. des $NaNO_3$ bleibt ohne Einfluss.**

Der Betrag, um den die Dissociation zurückgeht, ist im allgemeinen Falle wegen der erforderlichen Berechnung der Rückwirkung auf den zweiten Elektrolyten nicht so ganz einfach zu berechnen. Sieht man aber von dieser Rückwirkung zunächst ab, so ergiebt sich unschwer eine Beziehung, welche erkennen lässt, **dass die schwachen Elektrolyte durch Zusätze stets viel empfindlicher betroffen werden als die starken**[188]). Das

---

[188]) Vgl. bes. Hoitsema, Zeitschr. phys. Chem. **20**, 272.

Natriumacetat ist in normaler Lösung zu 53 Proc. dissociirt. Um die Dissociation auf die Hälfte herabzusetzen, müssen wir soviel NaCl zusetzen, dass die Lösung daran etwa doppelt normal wird. Die in normaler Lösung zu 0,4 Proc. zerfallene Essigsäure wird aber schon durch 0,006 norm. HCl auf die Hälfte der Dissociation zurückgedrängt.

Einige Anwendungen der Dissociationsbeeinflussung haben wir schon bei der Farbänderung des $CuCl_2$ und des $CoCl_2$ kennen gelernt. Die weitaus wichtigste Anwendung ist aber diejenige auf die Theorie der beim Titriren benutzten Indicatoren.

Die Lakmussäure ist eine schwache Säure, deren Molecüle roth, deren Anionen aber blau gefärbt sind. Im reinen Zustande ist sie schwach dissociirt und zeigt demnach eine mittlere Farbe als Effect der Zusammenwirkung von Molecülen und Ionen. Setzen wir Wasserstoffionen, d. h. irgend eine nicht allzuschwache Säure zu, so geht die Dissociation zurück, die blauen Lakmusionen verschwinden. Die Kohlensäure ist zu schwach, um die Lakmussäure beeinflussen zu können, Lakmus ist also nicht als Indicator für sie brauchbar. Die Essigsäure lässt sich noch gut mit Lakmus titriren, setzen wir aber grosse Mengen Natriumacetat d. h. $\overline{CH_3COO}$-Ionen zu, welche die Essigsäure zurückdrängen, so wird auch hier der Farbenumschlag unscharf, weil zu wenig freie $\overset{+}{H}$-Ionen vorhanden sind, um die Lakmussäure erheblich zu beeinflussen.

Beim Zusatz eines Alkali, d. h. von KOH oder NaOH, wird das entsprechende Alkalisalz der Lakmussäure gebildet. Da alle Salze, auch der schwächsten Säuren, stark zerfallen sind, erhalten wir sofort die blaue Farbe der Ionen.

Das Phenolphtaleïn ist eine weit schwächere Säure als die Lakmussäure, darum können die wenigen H-Ionen der freien Kohlensäure die Dissociation schon beeinflussen und die rothe Farbe der Ionen verschwinden lassen.

Methylorange ist hingegen eine ziemlich starke Säure, deren Molecüle roth, deren Ionen gelb sind. Hier sind nur starke Säuren wirksam, die Essigsäure ist schlecht zu titriren, besonders wenn schon eine grosse Menge derselben unter Bildung von Acetat abgesättigt wurde.

Die aus Na_2CO_3 durch HCl freigemachte Kohlensäure muss aus dem gleichen Grunde mit Phenolphtaleïn und nicht mit Methylorange titrirt werden.

Das Cyanin ist ein basischer Indicator, wo die Molecüle blau, die Ionen farblos sind. Hier gilt — mutatis mutandis — ganz genau das bei den sauren Indicatoren Gesagte.

Einige weitere in Frage kommende Gesichtspunkte werden wir späterhin bei der Theorie der Hydrolyse noch kennen lernen. Hier soll nur noch darauf hingewiesen werden, dass die zwei- und mehrbasischen Säuren ihre zweiten und weiteren $\overset{+}{H}$-Ionen weniger leicht abspalten als die ersten. Sie sind also verschieden starke Säuren für die einzelnen Affinitäten. Aus diesem Grunde ist H_2CO_3 mit Lakmus und Methylorange gar nicht, mit Phenolphtaleïn nur als einbasische Säure zu titriren, die Phosphorsäure verhält sich gegen Methylorange als einwerthige, gegen Phenolphtaleïn aber als zweiwerthige Säure u. s. w.

Eine weitere analytisch wichtige Anwendung der Dissociationsbeeinflussung ist die Erscheinung der **Löslichkeitserniedrigung der Elektrolyte durch gleichionige Zusätze**, auf die zuerst von Nernst[189]) hingewiesen wurde. Eine Lösung ist dann gesättigt, wenn sie mit dem festen Salze im Gleichgewicht steht, d. h. ebensoviele Salzmolecüle in Lösung gehen, wie in derselben Zeit wieder ausfallen. Die gesättigte Salzlösung hat einen bestimmten Dissociationsgrad, enthält also eine ganz genau definirte Concentration c_0 an nichtgespaltenen Molecülen. Diese ist durch die Isotherme $c_0 = \frac{K_2}{K_1} c_1 c_2$ zwar nicht mit der Zahl der Ionen, aber mit dem Product $c_1 c_2$ verbunden. **Es muss also dieses Product in der gesättigten Lösung ebenfalls einen constanten Werth haben.** Dieser Werth kann nicht überschritten werden, d. h. versuchen wir das Product zu vergrössern, so fällt ein entsprechender Antheil des Salzes aus.

---

[189]) Nernst, Zeitschr. phys. Chem. **4**, 372. Vgl. besd. auch Noyes, ebd. **6**, 241. **9**, 603. **26**, 152 und Behrend, ebd. **15**, 183.

Wenn wir in eine gesättigte Lösung von NaCl sehr concentrirte Salzsäure bringen, wird die Anzahl der Chlorionen vermehrt. Das Product $\overset{+}{\text{Na}}$-Ionen $\times$ $\overset{-}{\text{Chlor}}$-Ionen würde also den bisherigen Werth überschreiten. Dies ist nicht möglich, also fällt soviel NaCl aus, bis das Ionenproduct durch Verminderung der $\overset{+}{\text{Na}}$-Ionen und $\overset{-}{\text{Cl}}$-Ionen wieder seinen alten Werth erlangt. Recht gute Beispiele sind noch die Ausfällungen von $PbCl_2$ und $KClO_3$ durch KCl aus ihren gesättigten Lösungen, wo das KCl einmal als Chlorid, das andere Mal als Kaliumsalz in Wirksamkeit tritt. KNO_3 ist das erste Mal, NaCl das zweite Mal wirkungslos.

Die gegenseitige Löslichkeitsbeeinflussung von KNO_3 und KCl illustriren folgende Versuche von Touren[190]), welche die Löslichkeiten von KNO_3 bei wachsendem KCl-Zusatz und umgekehrt in Normalgehalten angeben.

KCl	KNO_3	KNO_3	KCl
0	3,217	0	4,18
0,66	2,853	0,318	4,07
1,35	2,510	0,902	3,93
3,04	1,946	1,805	3,70

Von besonderer Wichtigkeit ist diese Erscheinung bei den Salzen, die nur sehr wenig löslich sind und deshalb zur Ausfällung gewisser Ionen benutzt werden, wie z. B. AgCl für Silberionen und Chlorionen. Das AgCl hat immerhin noch eine merkbare Löslichkeit; seine gesättigte Lösung ist etwa 0,00001 normal. Um die Ausfällung vollständiger zu machen, setzt man einen Überschuss des Fällungsmittels — d. h. $\overset{+}{\text{Ag}}$-Ionen oder $\overset{-}{\text{Cl}}$-Ionen — hinzu. Nach Hoitsema[191]) genügt aber schon ein überschüssiger Gehalt der Lösung an Cl-Ionen von 0,001 Normalität, um die Löslichkeit des AgCl auf 0,0000001 herabzusetzen.

Die Bestimmung so geringfügiger Löslichkeiten ist natürlich auf dem gewöhnlichen Wege der analytischen Chemie, Abdampfen und Wägung des Rückstandes, nicht möglich. Wir erwähnten schon (S. 56), dass die Messung von elektrischen Potentialdiffe-

---

[190]) Touren, Compt. Rend. **130**, 908.
[191]) Hoitsema, Zeitschr. phys. Chem. **20**, 272.

renzen dazu benutzt werden kann. Einfacher und zuverlässiger ist jedoch die von Kohlrausch und Rose[192]) sowie von Hollemann[193]) angegebene Methode der Leitfähigkeitsmessungen. Wenn wir annehmen, dass die Salze in solcher Verdünnung vollkommen dissociirt sind, wird die Leitfähigkeit direct ein Maass für die Salzconcentration ergeben. Die Leitfähigkeit, die einer äquivalent-normalen Lösung im Zustande völliger Dissociation zukommen würde — die λ_∞ (vgl. S. 35) — können wir aus den Factoren für die einzelnen Ionen berechnen. Wir haben so z. B. für Ag = 55,7, Cl = 65,9 und für AgCl = 121,6. Eine gesättigte Lösung von AgCl besitzt nun das experimentell festgestellte Leitvermögen 0,00124, sie ist mithin $\frac{0,00124}{121,6} = 0,00001$ normal oder enthält 0,00143 g AgCl im Liter.

Die folgende Tabelle giebt einige der wichtigsten Löslichkeiten schwerlöslicher Salze nach Messungen von Kohlrausch[194]) in Normalgehalten:

AgCl . . . . . 0,000011 $\frac{1}{2}$ PbBr$_2$ 0,02
AgBr . . . . . 0,000002 $\frac{1}{2}$ PbJ$_2$ 0,002
AgJ . . . . . 0,0000004 $\frac{1}{2}$ Pb(JO$_3$)$_2$ . . . 0,00005
AgOH . . . . 0,001 $\frac{1}{2}$ Pb(OH)$_2$ . . . 0,0004
$\frac{1}{2}$ Ag$_2$SO$_4$ . . . 0,020 $\frac{1}{2}$ PbSO$_4$ . . . 0,00015
$\frac{1}{2}$ Ag CrO$_4$ . . . 0,00008 $\frac{1}{2}$ PbCrO$_4$ . . . 0,0000006
$\frac{1}{2}$ Ag$_2$C$_2$O$_4$ . . . 0,00012 $\frac{1}{2}$ PbC$_2$O$_4$ . . . 0,000006
$\frac{1}{2}$ Ag$_2$CO$_3$ . . . 0,0001 $\frac{1}{2}$ PbCO$_3$ . . . 0,00001
$\frac{1}{2}$ PbCl$_2$ 0,05

Besonderes Interesse wird noch folgende Zusammenstellung einiger Löslichkeiten in Normalgehalten bieten.

$\frac{1}{2}$	Ba	Sr	Ca
SO$_4$	0,000010	0,000600	0,015000
C$_2$O$_4$	0,000330	0,000270	0,000045
CO$_3$	0,000110	0,000070	0,000130

Man wird also gut thun, das Baryum als Sulfat, das Strontium als Carbonat, das Calcium als Oxalat auszufällen.

---

[192]) Kohlrausch u. Rose, Zeitschr. phys. Chem. **12**, 234.
[193]) Hollemann, ebd. **12**, 125.
[194]) Kohlrausch, Sitzber. Berl. Acad. 1897, 90. Auch in Kohlrausch u. Holborn, Das Leitvermögen der Elektrolyte, Leipzig 1898.

Eine interessante Anwendung der Theorie der Dissociationsbeeinflussung giebt uns die Fällung der Metallsulfide mit Schwefelwasserstoff, d. h. mit $\overset{=}{S}$-Ionen. Die sehr unlöslichen Sulfide (Blei, Silber, Quecksilber) werden schon aus saurer Lösung gefällt, d. h. ihr Löslichkeitsproduct ist so gering, dass die in Folge der Dissociationsverminderung des SH_2 durch anwesende $\overset{+}{H}$-Ionen noch vorhandenen, äusserst wenigen $\overset{=}{S}$-Ionen genügen. Je mehr $\overset{=}{S}$-Ionen zugegen sind, d. h. je weniger die Lösung angesäuert ist, desto geringer wird der andere Factor des Ionenproductes, d. h. der Metallionen, desto vollständiger mithin die Fällung. Das CuS ist verhältnissmässig leicht löslich, es fällt darum aus stark saurer Lösung überhaupt nicht aus.

Noch löslicher ist das ZnS. Dieses wird nicht gefällt, wenn das SH_2 stark beeinflusst wird, also bei Gegenwart starker Säuren, wohl aber aus der Lösung der schwachen Essigsäure, zumal wenn ein Zusatz von Natriumacetat deren Wasserstoffionenmenge verringert. Ganz ähnlich liegen die Verhältnisse beim FeS. Aus essigsaurer Lösung fällt dieses nicht, wirft man aber festes Natriumacetat hinein, so entsteht sofort die bekannte schwarze Färbung[195]).

Das MnS folgt als nächstlösliches. Hier genügt die Ionenconcentration selbst des unbeeinflussten SH_2 nicht mehr, wir müssen eine grössere Anzahl $\overset{=}{S}$-Ionen hineinbringen. Dies geschieht, wenn wir statt der freien Säure deren stärker dissociirtes Ammoniumsalz verwenden.

Ähnlich liegen die Verhältnisse bei der Fällung der Carbonate. Die freie Kohlensäure hat nur wenig Ionen, doch ist die Anzahl immerhin ausreichend, um $PbCO_3$ aus der Lösung des Bleiacetates zu fällen. Aus einer Lösung von $Pb(NO_3)_2$ dagegen können wir mittels Einleiten eines CO_2-Stromes kein $PbCO_3$ niederschlagen. Dieses hat folgenden Grund. In der $Pb(CH_3COO)_2$-Lösung bleiben nach Ausfallen des $PbCO_3$ die $\overset{-}{CH_3COO}$-Ionen und die $\overset{+}{H}$-Ionen (der freien H_2CO_3) übrig, die sich grossentheils

---

[195]) Crum Brown, Proceed. Roy. Soc. Edinb. **57**.

zu nichtdissociirter Essigsäure vereinigen, da diese ein schwacher Elektrolyt ist. Die H_2CO_3 wird hier wenig beeinflusst. In der $Pb(NO_3)_2$-Lösung aber bildet sich vollständig dissociirte HNO_3, oder richtiger, die übrig gebliebenen $\overset{-}{NO_3}$ und $\overset{+}{H}$-Ionen können als dissociirte $\overset{+}{H}NO_3$ angesehen werden. Die H-Ionenzahl ist hier so gross, dass die H_2CO_3 an der Bildung von $\overset{=}{CO_3}$-Ionen verhindert wird, ehe das Löslichkeitsproduct des $PbCO_3$ überschritten ist. Ganz ebenso können wir mit freier H_2CO_3 das $CaCO_3$ fällen aus $Ca(OH)_2$, nicht aber aus $Ca(NO_3)_2$.

Auch die Fällung der Hydroxyde bietet lehrreiche Beispiele. So wird aus Calciumsalzlösungen das leichtlösliche $Ca(OH)_2$ (0,02) durch NaOH gefällt, nicht aber durch NH_4OH, weil letzteres zu wenig OH-Ionen in die Lösung bringt. Für das schwerer lösliche $Mg(OH)_2$ (0,0002) dagegen genügt schon NH_4OH, sofern nicht ein starker Gehalt an NH_4Cl die Dissociation zu weit herabsetzt. Das ganz leicht lösliche $Ba(OH)_2$ (0,22) kann nur durch concentrirte NaOH niedergeschlagen werden.

Die bekannte Titration auf Chlor oder richtiger auf Chlorionen nach Mohr besteht darin, dass zu dem KCl ein wenig K_2CrO_4 zugesetzt und dass dann mit $\overset{+}{Ag}$-Ionen gefällt wird. Sowie alles AgCl ausgeschieden ist, tritt die rothe Färbung des Ag_2CrO_4 auf. Dies erklärt sich aus den Löslichkeiten beider Salze. Für AgCl haben wir 0,00001, für $^1/_2\ Ag_2CrO_4$ aber 0,00008, es wird also das Löslichkeitsproduct durch die hineingebrachten und nicht zu AgCl verbundenen $\overset{+}{Ag}$-Ionen für AgCl eher erreicht als für $^1/_2\ Ag_2CrO_4$. Begehen wir aber den Fehler, zuviel K_2CrO_4 zu nehmen, so setzt dieses Salz die Dissociation des Silberchromates herab, bis es unlöslicher wird als das Silberchlorid, und der Farbwechsel tritt zu spät ein. Der so verursachte Titrationsfehler kann einige Procent betragen[196]). Als Demonstrationsversuch kann man folgende Reaction benutzen: Aus

---

[196]) Findlay, Zeitschr. phys. Chem. **34**, 409. Analoges gilt für die Silbertitration nach Volhard; vgl. Knüpffer, Zeitschr. phys. Chem. **26**, 266. Buchböck, ebd. **31**, 233.

einem Gemisch von KCl und KJ fällt durch $PbNO_3$ gelbes PbJ_2 ($^1/_2 PbJ_2 = 0{,}002$, während $^1/_2 PbCl_2 = 0{,}05$). Enthält das Gemisch aber viel KCl und wenig KJ, so fällt weisses $PbCl_2$[197]).

Neben den bisher betrachteten Löslichkeitsverminderungen kann der Zusatz eines zweiten Elektrolyten aber auch manchmal zu einer Löslichkeitsvermehrung Anlass geben. Die Bildung von complexen Salzen, wie z. B. aus KCy und AgCy ist bekannt und hier soll nur erwähnt werden, dass solche Salze nicht als KCy . AgCy zu schreiben sind, sondern als $KAgCy_2$, denn das AgCy lagert sich an das $\overline{Cy}$-Ion des KCy an, wie aus den Überführungserscheinungen zu beweisen ist. Die Ionen des Salzes sind K und $AgCy_2$, daher jede Silberreaction und bei dem entsprechenden Cu-Salz die blaue Farbe des $\overset{++}{Cu}$-Ions fehlt. Eine Löslichkeitsvermehrung kann aber auch noch in der folgenden Weise stattfinden. Wird zu einer gesättigten Lösung von Calciumhydroxyd ein Ammoniumsalz, z. B. NH_4Cl zugesetzt, so haben wir folgende Ionen neben einander:

$$\overset{++}{Ca}, \overline{OH}, \overline{OH}, \overset{+}{NH_4}, \overline{Cl}.$$

Da NH_4OH wenig dissociirt ist, können nicht viel freie $\overline{OH}$-Ionen neben $\overset{+}{NH_4}$-Ionen bestehen, es wird also die Bildung von nichtdissociirtem NH_4OH erfolgen. Die Menge der $\overline{OH}$-Ionen wird dadurch kleiner, also geht das Ionenproduct $\overset{++}{Ca} . \overline{OH} . \overline{OH}$ zurück. Es kann daher eine neue Auflösung von $Ca(OH)_2$ erfolgen. Folgende Tabelle giebt die Löslichkeiten von $Ca(OH)_2$ in Normalgehalten bei wachsendem Zusatz von NH_4Cl[198]).

NH_4Cl	$^1/_2 Ca(OH)_2$
0	0,02022
0,02176	0,02908
0,04352	0,03923
0,08703	0,05968

Ganz genau so erklärt es sich, dass $Mg(OH)_2$ durch NaOH bei Gegenwart von NH_4Cl nicht gefällt wird[199]), dass CaC_2O_4 und

---

[197]) Vgl. Findlay, Zeitschr. phys. Chem. **34**, 409.
[198]) Noyes u. Chapin, ebd. **28**, 518.
[199]) Lovén, Zeitschr. anorg. Chem. **11**, 404.

CH_3COOAg sich in Salpetersäure lösen, während $CaSO_4$ und AgCl dies durchaus nicht thun u. s. w.

Von grosser Wichtigkeit für das richtige Verständniss zahlreicher Erscheinungen bei den analytischen Methoden ist ferner die Theorie der sogenannten **hydrolytischen Dissociation**, die mit der elektrolytischen Dissociation im nahen Zusammenhange steht. Um die hier in Frage kommenden Vorgänge zu erklären, wollen wir von der **Neutralisation der Basen durch Säuren** ausgehen.

Wird die wässrige Lösung einer Basis, z. B. NaOH mit einer Säure zusammengebracht, so findet nach alter Schreibart die Reaction statt:

$$NaOH + HCl = NaCl + H.OH.$$

Wir schreiben mit Berücksichtigung des (nahezu) vollständigen Zerfalls in Ionen:

$$\overset{+}{Na} + \overset{-}{OH} + \overset{+}{H} + \overset{-}{Cl} = \overset{+}{Na} + \overset{-}{Cl} + H.OH.$$

Das Wasser ist nicht dissociirt, also als Molecül zu schreiben. Die $\overset{+}{Na}$-Ionen und die $\overset{-}{Cl}$-Ionen sind beiderseits in gleicher Weise vorhanden, sie erleiden also keine Veränderung und die Neutralisation kommt auf die Reaction: $\overset{-}{OH} + \overset{+}{H} = H.OH$, d. h. die Bildung von Wasser beim Zusammentreffen grosser Mengen $\overset{+}{H}$- und $\overset{-}{OH}$-Ionen heraus. **Welche Säure und welche Basis wir zur Neutralisation benutzten, bleibt belanglos, so lange nur beide vollständig dissociirt waren.**

Die Neutralisation ist stets von einer Wärmeentwicklung begleitet und da in jedem Falle die gleiche Reaction sich abspielt, ist zu erwarten, dass auch die Wärmetönung durchweg dieselbe sein wird. Dies ist auch in der That der Fall, wie folgende Tabelle zeigt.

1 g' Mol. NaOH + 1 g Mol.	HCl . . .	13750 Cal.
	HBr . . .	13750
	HNO_3 . .	13700
	HJO_3 . . .	13800
1 g Mol. HCl + 1 g Mol.	NaOH . .	13750
	KOH . . .	13750
	$^1/_2$ Ba$(OH)_2$.	13900
	$^1/_2$ Mg$(OH)_2$	13850

Die Wärmetönung von 13750 Cal. ist also nichts anderes als die negative Dissociationswärme des Wassers.

Nun sind aber nicht alle Säuren und Basen vollständig in Ionen zerfallen. Werden dann für $\overline{NH_4OH}$ z. B. bei Neutralisation mit HCl durch die Wasserbildung die OH-Ionen vernichtet, so dissociiren sich neue NH_4OH-Molecüle und die Reaction schreitet weiter fort. Allmählich aber ist die Menge der übrig gebliebenen $\overset{+}{NH_4}$-Ionen (die mit $\overset{-}{Cl}$ als dissociirtes NH_4Cl aufzufassen sind) so gross geworden, dass sie die Dissociation des neugebildeten $\overline{NH_4 . OH}$ beeinträchtigen. Dann werden keine freien OH-Ionen mehr gebildet und der Neutralisationsvorgang hört auf, ehe das NH_4OH vollständig durch die noch reichlich vorhandene freie HCl abgesättigt ist.

Die Dissociation der schwachen Basis NH_4OH — und ganz entsprechend natürlich einer schwachen Säure — ist mit einer gewissen, meist positiven Wärmetönung verbunden. Diese addirt sich zur Neutralisationswärme und erhöht deren Betrag über 13750 hinaus. Auf der anderen Seite war aber die Reaction nicht vollständig, es hat sich nicht 1 ganzes g Mol. H_2O gebildet, sondern weniger, und die Neutralisationswärme erreicht darum den Betrag von 13750 nicht ganz. Die gesammte Wärmetönung kann daher bald grösser, bald kleiner sein als 13750 Cal., je nachdem der erste oder der zweite Einfluss vorwiegt. So ist für normale Lösungen:

$$NaOH + HClO_3 \ldots \ldots 14380$$
$$NaOH + CHCl_2COOH \ldots 14830$$
$$NaOH + HF \ldots \ldots 16270$$
$$NaOH + CH_3COOH \ldots 13400$$
$$NaOH + HOCl \ldots \ldots 9840$$
$$NaOH + HCy \ldots \ldots 2770$$
$$NH_4OH + HCl \ldots \ldots 12200$$
$$1/2\,Fe(OH)_2 + HCl \ldots \ldots 10700$$
$$1/2\,Cu(OH)_2 + HCl \ldots \ldots 7450$$

Es ist also nicht streng richtig, aus der zu geringen Neutralisationswärme auf eine unvollständige Neutralisation zu schliessen, denn die Erniedrigung könnte ihren Grund auch in der negativen Dissociationswärme der betr. schwachen Säure oder Basis haben.

Da aber die negativen Dissociationswärmen selten und dann nicht gross zu sein scheinen, hat der Schluss immerhin einige Berechtigung.

Wir können die Neutralisation schwacher Basen und Säuren nun folgendermaassen darstellen. Die Dissociation des Wassers gestattet nur einer gewissen Zahl von $\overset{+}{H}$- und $\overset{-}{OH}$-Ionen frei nebeneinander zu existiren. Nicht die Concentration der beiden Ionengattungen im Einzelnen wird so festgelegt, sondern nur das Product beider Concentrationen, wie aus der Dissociationsisotherme des Wassers folgt. Den beiden Concentrationen an $\overset{-}{OH}$- und $\overset{+}{H}$-Ionen entsprechen gewisse Mengen nichtdissociirter Basis und Säure, die, falls diese starke Elektrolyte sind, nur klein, andernfalls aber gross sein werden, besonders bei Beeinflussung ihrer Dissociation durch anwesende Salze.

Wenn nun die Reaction: Säure + Basis = Salz + Wasser unter Umständen unvollständig verläuft, so besteht ein gewisses Gleichgewicht zwischen den 4 Componenten. **Dieses selbe Gleichgewicht muss sich auch einstellen, wenn wir das entsprechende Salz in Wasser auflösen, d. h. das Salz setzt sich mit Wasser zum Theil um in freie Säure und freie Basis, die dann natürlich in äquivalenten Mengen gebildet werden. Dieser Vorgang wird als hydrolytische Dissociation bezeichnet.**

Ist die Säure schwach, die Basis aber stark (z. B. bei KCy), so werden viel $\overset{-}{OH}$-, wenig $\overset{+}{H}$-Ionen gebildet und im Product $\overset{+}{H}$-Ionen $\times$ $\overset{-}{OH}$-Ionen ist der erste Factor klein, der zweite gross, nur der Gesammtwerth des Productes ist ja von vornherein festgelegt und sobald er erreicht ist, hört die Hydrolyse auf. Im entgegengesetzten Falle (z. B. $FeCl_3$) wird das Verhältniss der Factoren das umgekehrte, der Werth des Productes aber der nämliche sein. Das Wasser selbst liefert dabei nur sehr wenig Ionen, denn die beiden stärkeren mit dem Wasser gleichionigen Elektrolyten drängen den Zerfall der Wassermolecüle zurück.

Wir erhalten so Salzlösungen, die mehr freie $\overset{-}{\text{OH}}$-Ionen oder mehr freie $\overset{+}{\text{H}}$-Ionen enthalten als reines Wasser und darum alkalische oder saure Reactionen zeigen (KCy und FeCl$_3$), ohne dass ein Überschuss an freier Säure oder freier Basis vorhanden wäre.

Dass eine Beziehung des Hydrolysirungsgrades mit der Dissociation der Säure und Basis sowie des Wassers besteht, wird nach dem Gesagten ohne Weiteres verständlich sein. Dass auch die elektrolytische Dissociation des Salzes selbst von Einfluss ist, geht aus dem schon oben erwähnten Einflusse des gebildeten NH$_4$Cl auf die Dissociation des NH$_4$OH hervor. Die Hydrolyse ist um so stärker, je schwächer Säure und Basis sind und je stärker der elektrolytische Zerfall des Salzes und des Wassers ist. Es lässt sich durch einige einfache Rechnungen die Gleichgewichtsconstante K_0 der Hydrolyse zu den vier Constanten der elektrolytischen Dissociationen K_1 (Säure), K_2 (Basis), K_3 (Salz), K_4 (Wasser) in die Beziehung setzen:

$$K_0 = \frac{K_3 K_4}{K_1 K_2}$$

Hieraus ergiebt sich sofort die Folgerung, dass wir die Hydrolyse vermindern können, wenn wir die elektrolytische Dissociation des Salzes herabsetzen. Eine Lösung von HgCl$_2$ z. B. ist hydrolytisch zerfallen in Hg(OH)$_2$ und HCl. Da erstere Basis schwach, die HCl stark dissociirt ist, so sind mehr $\overset{+}{\text{H}}$- als $\overset{-}{\text{OH}}$-Ionen frei, die Lösung reagirt also gegen Lakmus deutlich sauer, obgleich die zur event. Absättigung des HCl erforderliche äquivalente Menge Basis zugegen ist. Ein mässiger Zusatz von NaCl würde der freien Salzsäure nicht viel anhaben können, er lässt die saure Reaction aber trotzdem verschwinden, weil er durch Beeinflussung des HgCl$_2$ die Hydrolyse zum grössten Theile rückgängig macht.

Der Grad der Hydrolyse kann experimentell durch alle Methoden bestimmt werden, welche die Wirkung freier $\overset{+}{\text{H}}$- und $\overset{-}{\text{OH}}$-Ionen erkennen lassen, ohne dieselben zu vernichten, wie z. B. die

Katalyse des Methylacetates, die Rohrzuckerinversion u. s. w.[200]). Im Folgenden sind einige hydrolytische Dissociationsgrade nach Messungen von Shields[201]), Walker[202]), Bruner[203]), Ley[204]), Kahlenberg, Davis und Fowler[205]) mitgetheilt.

0,1 Norm. bei 25°
- KCy . . . . 1,12 Proc.
- Na_2CO_3 . . . . 3,17 -
- KC_6H_5O . . . . 3,05 -
- $Na_2B_4O_7$ . . . . 0,5 -
- $NaCH_3COO$ . . . . . . 0,008 -
- $FeCl_3$ . . . . 10 -
- $AlCl_3$ . . . . 2,9 -
- $Al_2(SO_4)_3$ . . . . 1,3 -
- $SnCl_4$ . . . . 100 -

Norm. bei 55°
- $Al_2(SO_4)_3$ . . . . 0,52 Proc.
- $AlCl_3$ . . . . 0,73 -
- $CuSO_4$ . . . . 0,095 -
- $HgCl_2$ . . . . 0,2 -

0,004 Norm. $HgCl_2$ . . . . 1,64 -

Die Hydrolyse nimmt mit steigender Temperatur zu, weil die elektrolytische Dissociation des Wassers dann grösser wird, eine bestimmte Abhängigkeit von der Verdünnung ist dagegen nicht allgemein anzugeben.

Ein Specialfall der Hydrolyse ist die Bildung saurer Salze der zweibasischen Säuren. Wird eine solche Säure mit einer Basis neutralisirt, so treten ihre beiden Affinitäten mit verschiedener Stärke hervor. Während die erste so stark ist, dass sie völlig gesättigt wird, tritt bei der zweiten ein mehr oder weniger grosser hydrolytischer Zerfall ein. Die Kohlensäure bildet leichter saure Salze als die Schwefelsäure, der Schwefelwasserstoff scheint sogar ausschliesslich saure Salze zu bilden, selbst die Alkalisulfide sind nur in ganz concentrirten Lösungen neutral.

---

[200]) Farmer, Proc. Chem. Soc. **17**, 129, schlägt eine auf Anwendung des Vertheilungssatzes beruhende Methode vor. Dieselbe könnte durch eine allerdings nothwendige Abänderung vielleicht recht brauchbar werden.
[201]) Shields, Zeitschr. phys. Chem. **12**, 167.
[202]) Walker, ebd. **32**, 137.
[203]) Bruner, ebd. **32**, 133.
[204]) Ley, Berl. Ber. **30**, 2192.
[205]) Kahlenberg, Davis u. Fowler, Journ. Am. Chem. Soc. 1893, 1.

In der analytischen Chemie tritt die Hydrolyse — wie schon erwähnt wurde — häufig in Erscheinung. Die Carbonate, Sulfide und sonstige Salze schwacher Säuren pflegen um so mehr hydrolytisch gespalten zu sein, je schwächer die entsprechende Basis ist. Beim Aluminium ist die Hydrolyse so vollständig, dass durch SH_2 und Na_2CO_3 überhaupt nur Hydroxyd ausfällt, beim Magnesium ist die Hydrolyse des Carbonates unvollständig, so dass ein Gemisch von Hydroxyd und Carbonat gefällt wird. Die Zusammensetzung des Gemisches ist dabei von den zufälligen Nebenumständen abhängig, die bestimmte Formel eines „basischen Carbonates" aufzustellen, ist daher von vornherein aussichtslos.

Auch bei der Titration mit Indicatoren macht die Hydrolyse sich bisweilen geltend. Eine saure mit Phenolphtaleïn versetzte Lösung wird dann roth, wenn die Säure vollständig durch die zugefügte Basis neutralisirt ist und die erste Spur des Phenolphtaleïn-Alkalisalzes gebildet wird. Benutzt man nun NH_4OH als Alkali, so ist das Phenolphtaleïnsalz stark hydrolysirt, weil Säure sowohl wie Basis schwach sind, es muss also nach Neutralisation der zu titrirenden Säure noch ein gewisser Betrag von NH_4OH zugesetzt werden, ehe sich das Salz selbst und damit die rothen Ionen in merkbarer Menge bilden. Wird KOH als Alkali, oder bei NH_4OH eine stärkere Säure als Indicator genommen (z. B. Methylorange oder Paranitrophenol), so wird diese Schwierigkeit vermieden.

Auf etwas complicirteren Fällen von hydrolytischer Wirkung beruht z. B. die Erscheinung, dass AgCl in NH_4OH gelöst wird, AgJ dagegen nicht. Ferner die auffallende Thatsache, dass eine Lösung von $HgCl_2$ durch Na_2HPO_4 und $(NH_4)_2C_2O_4$ zusammen gefällt wird, nicht aber durch die einzelnen Salze[206]).

Eine letzte Anwendung der Theorie der Hydrolyse wollen wir noch anführen, obgleich sie mehr theoretisches als praktisches Interesse beanspruchen kann. In der Beziehung zwischen den Dissociationsconstanten und der Constante K_0 des hydrolytischen

---

[206]) Carnegie u. Burt, Chem. News **76**, 174.

Gleichgewichtes tritt auch die Dissociationsconstante (K_4) des Wassers auf. Kennen wir also K_0, K_1, K_2 und K_3 durch experimentelle Messungen, so sind wir im Stande die Dissociation des reinen Wassers zu berechnen. Arrhenius[207] fand auf diesem Wege, dass die Ionenconcentration des Wassers bei 25° betragen muss: $c_0 = 0{,}00000011$ normal.

Ganz unabhängig hiervon berechnete Nernst[208] aus der elektromotorischen Kraft einer Säure-Alkalikette 0,000000119. Drittens fand auf Anregung von van 't Hoff dessen Schüler Wiss[209] aus der Verseifungsgeschwindigkeit von Methylacetat in reinem Wasser 0,00000012 und viertens gelang es dann Kohlrausch und Heydweiller[210], durch mühevolle Reinigung des Wassers dessen Leitfähigkeit immer weiter zu vermindern, bis alle leitenden Verunreinigungen entfernt waren. Aus der dann beobachteten Leitfähigkeit des reinen Wassers ergab sich $c_0 = 0{,}000000107$. Diese experimentell bestimmte Grösse war also auf Grundlage der Dissociationstheorie nach drei gänzlich von einander unabhängigen Methoden richtig vorausberechnet worden, ja Arrhenius hatte sogar den auffallend grossen Temperaturcoefficienten der Leitfähigkeit des reinen Wassers genau vorausgesagt (5,81 Proc. statt 5,32 Proc.). Eine solche Übereinstimmung kann doch wohl nicht anders erreicht werden, als wenn die theoretische Grundlage der Berechnungen den thatsächlichen Verhältnissen entspricht.

Zum Schluss mag noch die Frage berührt werden, ob die elektrolytische Dissociation ausser in Lösungen auch in anderen Zuständen der Materie anzunehmen ist. Dass geschmolzene Salze die Elektricität leiten, ist bekannt. Wir werden also auch hier eine gewisse elektrolytische Dissociation voraussetzen. In Folge der bei fallender Temperatur zunehmenden Reibungswiderstände in der Salzschmelze nimmt die Leitfähigkeit

---

[207] Arrhenius, Zeitschr. phys. Chem. **11**, 805.
[208] Nernst, Zeitschr. phys. Chem. **14**, 155.
[209] Wiss, ebd. **11**, 805.
[210] Kohlrausch u. Heydweiller, Wied. Ann. **53**, 209.

mit der Temperatur ab und zwar ist hervorzuheben, dass diese Abnahme ohne merklichen Sprung über den Erstarrungspunkt fortgeht. Es scheinen also auch noch im festen Aggregatzustande Ionen zu existiren. Dafür spricht, dass die krystallwasserhaltigen Salze die Farbe der Ionen zu haben pflegen ($CuSO_4$, $CoCl_2$). Sicheres hierüber ist freilich zur Zeit noch nicht bekannt.

Als erwiesen kann dagegen angesehen werden, dass im gasförmigen Zustande, besonders bei höheren Temperaturen eine elektrolytische Dissociation eintritt, ja Thomson glaubt sogar die Gase elektrolytisch zerlegt zu haben. Eine Erweiterung der heutigen Kenntnisse auf diesem Gebiete darf als besonders aussichtsreich für die Aufklärung der Dissociationsvorgänge gelten in Anbetracht der einfacheren kinetischen Verhältnisse im gasförmigen Zustand.

MIX
Papier aus verantwortungsvollen Quellen
Paper from responsible sources
FSC® C105338

If you have any concerns about our products,
you can contact us on
ProductSafety@springernature.com

In case Publisher is established outside the EU,
the EU authorized representative is:
**Springer Nature Customer Service Center GmbH
Europaplatz 3, 69115 Heidelberg, Germany**

Printed by Libri Plureos GmbH
in Hamburg, Germany